工业和信息化普通高等教育“十二五”规划教材立项项目
21世纪高等学校计算机规划教材
21st Century University Planned Textbooks of Computer Science

大学计算机基础实践教程

The Practice for Fundamental of College Computer

蔺跟荣 吴敏宁 编著

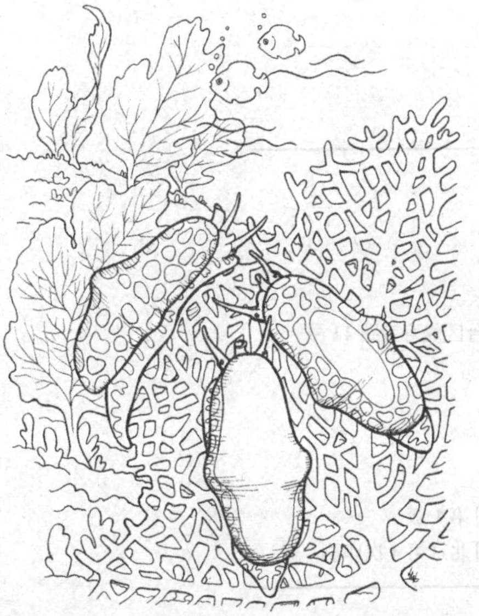

高校系列

人民邮电出版社
北京

图书在版编目（C I P）数据

大学计算机基础实践教程 / 蔺跟荣，吴敏宁编著
. -- 北京 ：人民邮电出版社，2013.9（2016.6 重印）
工业和信息化普通高等教育“十二五”规划教材立项
项目 21世纪高等学校计算机规划教材
ISBN 978-7-115-32509-9

Ⅰ. ①大… Ⅱ. ①蔺… ②吴… Ⅲ. ①电子计算机－
高等学校－教材 Ⅳ. ①TP3

中国版本图书馆CIP数据核字(2013)第201794号

内 容 提 要

本书将每部分内容都按“知识要点”、“基本操作及内容”、“常见错误和难点分析”三部分展开，包含Windows 7操作系统、Word 2010文字处理、Excel 2010电子表格、PowerPoint 2010演示文稿、网络基础与Internet应用等实验内容，共包含25个实验案例，每个实验都通过“实验目的”、“实验内容”展开，既有目的性，又有可操作性，另外在每个实验内容中都安排了“实训”部分，方便学生进行自我检测并提高操作能力。

本书可作为普通高等学校非计算机专业“大学计算机基础”课程的教材，也可作为各类计算机培训班和成人同类课程的教材或自学读物。

◆ 编　　著　蔺跟荣　吴敏宁
责任编辑　马小霞
执行编辑　赖文华
责任印刷　张佳莹　焦志炜

◆ 人民邮电出版社出版发行　　北京市丰台区成寿寺路11号
邮编　100164　　电子邮件　315@ptpress.com.cn
网址　http://www.ptpress.com.cn
北京鑫正大印刷有限公司印刷

◆ 开本：787×1092　1/16
印张：7.25　　2013年9月第1版
字数：148千字　　2016年6月北京第4次印刷

定价：18.00元

读者服务热线：(010)81055256　印装质量热线：(010)81055316
反盗版热线：(010)81055315

前言

计算机技术的飞速发展，特别是计算机网络的渗透应用，将人类社会文明推进到了一个新的高度。计算机作为信息处理的工具，正极大地改变和影响着我们的生活，掌握计算机的基础知识和操作技能，使用计算机来获取和处理信息，是每一个现代人所必需具备的基本素质。

为了帮助读者更好地掌握计算机的基础理论知识，快速掌握计算机的操作技能，遵循学习规律，以“学以致用”的理念为指导，结合计算机教学和目前计算机发展与应用实际，根据《大学计算机基础》课程教学的要求，我们组织编写了本教材。本书被列为工业和信息化普通高等教育“十二五”规划立项教材。

全书内容分为 5 章：包括 Windows 7 操作系统、Word 2010 文字处理、Excel 2010 电子表格、PowerPoint 2010 演示文稿、网络基础与 Internet 应用等。每章首先总述 “知识要点”，然后介绍基本操作及内容，最后对常见错误和难点进行分析。

在编写过程中，我们十分注重内容的实践性，均以当前主流的技术、软件来规划实验案例，全书共包含 25 个实验内容。每个实验通过“实验目的”、“实验内容”两部分展开，既有目的性，又有可操作性；另外在每个实验中都安排了“实训”部分，方便学生进行自我检测并提高操作能力。

全书很多内容完全是从计算机办公应用的实际出发，从实际办公应用经验的角度编写的，因此学完本书的学生将具备解决计算机办公中实际问题的应用能力。

本书由长期工作在教学第一线，并且具有丰富计算机基础教学经验的教师，其中吴敏宁编写第 1 章、第 2 章，蔺跟荣编写第 3 章、第 4 章、第 5 章。本书在编写过程中得到榆林学院各级领导的帮助和支持，李红卫教授、张永恒副教授、艾晓燕副教授等对本书提出了不少有益的建议，在此表示衷心感谢。

本书虽然经多次讨论并反复修改，但由于时间仓促，书中难免有不妥甚至错误之处，欢迎广大读者提出宝贵意见。

编者

2013 年 6 月

CONTENTS 目录

第一章 Windows 7 操作系统……1

1.1 知识要点……1
1.2 基本操作及内容……2
实验一：鼠标、键盘操作……2
实验二：WINDOWS 7 个性化和任务栏操作……6
实验三：文件和文件夹操作……7
实验四：控制面板操作……13
实验五：WINDOWS 7 附件应用……16
1.3 综合实训……18
1.4 常见错误和难点分析……19

第二章 Word 2010 文字处理……21

2.1 知识要点……21
2.2 基本操作及内容……22
实验一：Word 2010 创建、保存和退出……22
实验二：Word 2010 文本操作与格式设置……23
实验三：WORD 2010 形状、图片与SmartArt 的应用……28
实验四：Word 2010 表格、图表和公式应用……33
实验五：Word 2010 图文混排……38
实验六：Word 2010 页眉页脚设置和页面布局……42
实验七：Word 2010 目录和文档密码保护……44
实验八：Word 2010 邮件合并……50
2.3 综合实训……54
2.4 常见错误和难点分析……56

第三章 Excel 2010 电子表格……57

3.1 知识要点……57
3.2 实验及解题思路……58
实验一：Excel 2010 基本操作……58
实验二：数据输入与编辑……61
实验三：数据处理……65
实验四：图表与数据分析……72
实验五：表格安全设置与打印……76
3.3 综合实训……78
3.4 常见错误和难点分析……79

第四章 Powerpoint 2010 演示文稿……81

4.1 知识要点……81
4.2 实验及解题思路……82
实验一：PowerPoint 2010 基本操作……82
实验二：PowerPoint 2010 的美化……86
实验三：PowerPoint 的设置与发布……91
4.3 综合实训……92
4.4 常见错误和难点分析……94

第五章 网络基础与 Internet 应用……96

5.1 知识要点……96
5.2 实验及解题思路……98
实验一：宽带网络连接……98
实验二：网页信息的浏览与搜索……99
实验三：电子商务与社交网络……103
实验四：系统管理与安全……106

第一章 Windows 7 操作系统

1.1 知识要点

1. 操作系统

操作系统是管理计算机硬件资源，控制其他程序运行并为用户提供交互操作界面的系统软件的集合。操作系统是计算机系统的关键组成部分，负责管理与配置内存、决定系统资源供需的优先次序、控制输入与输出设备、操作网络与管理文件系统等基本任务。

2. Windows 7 操作系统的常见版本

（1）Windows 7 Home Basic（家庭普通版）

（2）Windows 7 Home Premium（家庭高级版）

（3）Windows 7 Professional（专业版）

（4）Windows 7 Ultimate（旗舰版）

3. Windows 7 的任务栏

Windows 7 操作系统在任务栏方面进行了较大程度的改进和革新，包括将从 Windows 95、98 到 2000、XP、Vista 都一直沿用的快速启动栏和任务选项进行合并处理。这样，通过任务栏即可快速查看各个程序的运行状态、历史信息等。同时，对于系统托盘的显示风格，Windows 7 操作系统也进行了一定程度的改良操作，特别是增加了在执行复制文件过程中，对应窗口还会在最小化的同时也显示复制进度等功能。

4. 文件和文件夹

文件是以单个名称在计算机上存储的信息集合。电脑文件都是以二进制的形式保存在存储器中。文件可以是文本文档、图片、音频、视频、程序等。

文件和文件夹是电脑管理数据的重要方式。文件通常放在文件夹中，文件夹中除了文件外还有子文件夹，子文件夹中又可以包含文件。我们可以将 Windows 系统中的各种信息的存储空间看成一个大仓库，所有的仓库都根据需要划分出不同的区域，每个区域分类存放不同的文件夹和子文件夹。

5. 库

库是用于管理文档、音乐、图片和其他文件的位置。可以使用与在文件夹中浏览文件相同的方式浏览文件，也可以查看按属性（如日期、类型和作者）排列的文件。

库是个虚拟的概念，把文件（夹）收纳到库中并不是将文件真正复制到“库”这个位置，而是在“库”这个功能中“登记”了那些文件（夹）的位置来由 Windows 管理而已。因此，收纳到库中的内容除了它们自占用的磁盘空间之外，几乎不会再额外占用磁盘空间，当删除库及其内容时，不会影响到真实的文件。

在某些方面，库类似于文件夹。例如打开库时将看到一个或多个文件。但与文件夹不同的是，库可以收集存储在多个位置中的文件，而文件夹则可以包含进库中，其实库就相当于一个收集快捷方式的地方。

1.2 基本操作及内容

实验一：鼠标、键盘操作

一、实验目的

① 掌握计算机系统的启动和关闭。

② 掌握鼠标、键盘操作，鼠标的属性设置。

二、实验内容

1. 启动计算机与关闭

（1）冷启动

冷启动也叫加电启动，是指计算机系统从休息状态（电源关闭）进入工作状态时进行的启动。具体操作如下：

① 依次打开计算机外部设备电源，包括显示器电源（若显示器电源与主机电源连在一起，此步可省略）和主机电源。

② 计算机执行硬件测试，稍后屏幕出现 Windows 7 登录界面，登录进入 Windows 7 系统，即可对计算机进行操作。

（2）热启动

热启动是指在开机状态下，重新启动计算机。常用于软件故障或操作不当，导致“死机”后重新启动计算机。具体操作如下：

在桌面上单击“开始”（ ）菜单→“重新启动”命令，即可重新启动计算机。

（3）用 RESET（复位）键热启动

① 当采用热启动不起作用时，可首先采用复位开关 RESET 键进行启动，即按下此键后立即放开即完成了复位热启动。不同型号的常见机型 RESET 键位置，如图 1-1 所示。

② 若复位热启动均不能生效时，只有关掉主机电源，等待几分钟后重新进行冷启动。

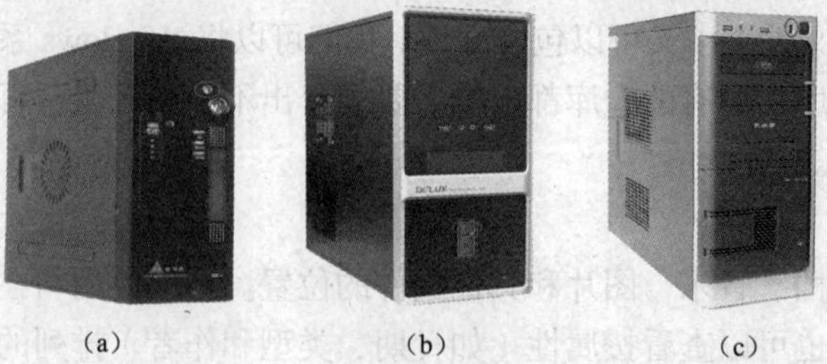

(a) (b) (c)

图 1-1 Reset 键在不同机箱中的位置

（4）关闭计算机

在桌面上单击“开始”（ ）菜单→“关机”按钮，即可运行关机程序。

2. 鼠标操作练习

指向：将鼠标指针移动到指定的位置或目标上。

单击：指向某个操作对象单击左键，可以选定该对象。

双击：指向某个操作对象双击左键，可以打开或运行该对象窗口或应用程序。

单击右键：指向某个操作对象单击右键，可以打开相应的快捷菜单。

拖曳：指向某个操作对象按住左键并拖曳鼠标光标，可以实现移动操作。

3. 熟悉键盘

键盘基本分为 3 个区：主键盘区、功能键区和小键盘区。这些区中的键码有的有专用意义，有的可以由用户来定义。

① 主键盘区。除数字、字母、符号键外，还有如下功能键：Esc（释放键或换码键）、BackSpace 键或←（退格键）、Enter 或 Return（回车键）、Ctrl（控制键）、Shift（换挡键）、Space（空格键）、Tab（制表键）、Alt（替换键）、Caps Lock（大小写字母转换键）等。

② 功能键区。通常位于键盘的上面，键名为 F1～F12。其功能由系统或用户定义，完成特殊的操作。

③ 小键盘区。它位于键盘的右侧，主要有两种作用：数字方式和光标控制/编辑方式，由数字锁定键（NumLock）键进行切换。这组键的默认状态是光标控制/编辑方式。使用 Num Lock 键就可以转换为数字方式，再按一次 Num Lock 键就又回到光标控制/编辑方式了。在小键盘上还有一些编辑功能键，常见键盘如图 1-2 所示。

4. 基本指法和键位

键盘上的英文字母是按各字母在英文中出现的频率高低而排列的。在 26 个字母中选用比较常用的 7 个字母和一个符号键作为基本键位，它们是：A、S、D、F、J、K、L、; 键，这 8 个键位于主键盘中间一行。我们让这 8 个键对应于左右手除拇指之外的手指，每个手指轻轻落在各自的基本键位上，其他键为各手指的范围键。如 1、Q、Z 为左手小指的范围键，2、W、X 为左手无名指的范围键，依次类推。手指打完它的范围键后要马上回到基本键位上，做好下次按键的准备。

指法练习手指位置如图 1-3 所示。

图 1-2　键盘

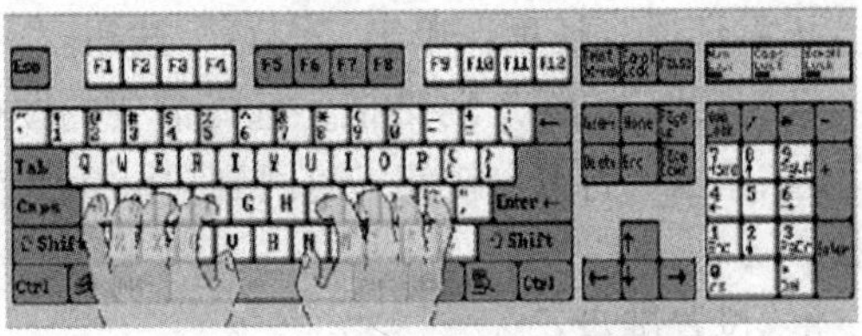

图 1-3　键盘指法练习

5. 中英文输入切换

① 中文与英文输入法切换时，同时按住 Ctrl 和空格键。

② 中文与中文输入法切换时，同时按住 Ctrl 和 Shift 键。

6. 添加和删除输入法

当用户遇到系统自带的输入法是多余的，而需要的输入法没安装的情况时，用户可以自行添加所需输入法，也可将多余的输入法删除，节约选择输入法的时间。

① 使用鼠标右键点击任务栏的输入法图标，如图 1-4 所示，选择设置选项，弹出图 1-5 所示的对话窗口。

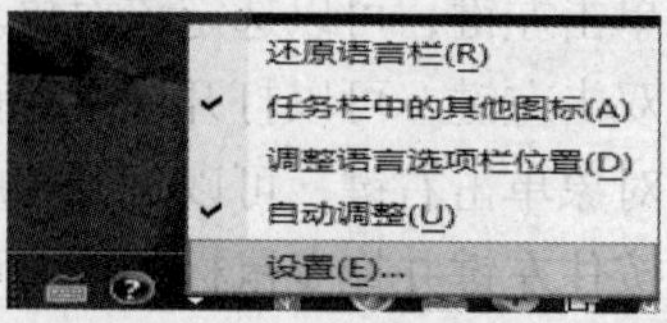

图 1-4　语言设置选择图

② 添加输入法，单击图 1-5 中的“添加“，弹出图 1-6 所示的对话框，选择添加的语言，然后选中需要添加的输入法，单击“确定”。

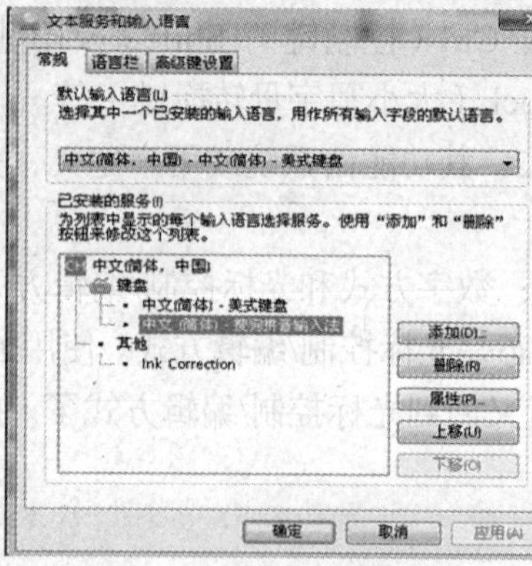

图 1-5　输入语言对话框

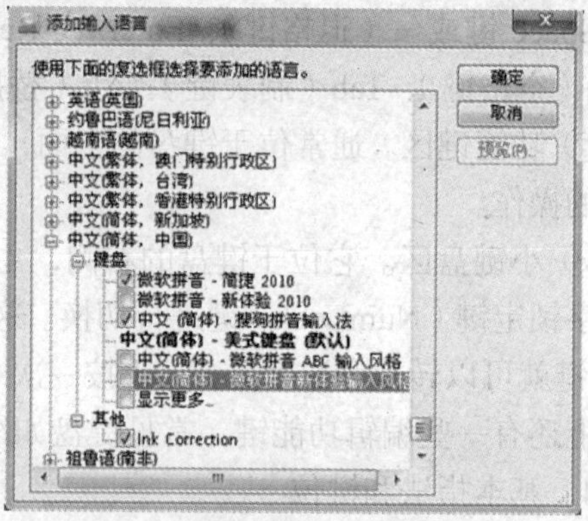

图 1-6 添加输入语言对话框

③ 删除输入法时，在图 1-5 所示对话框中，选中要删除的输入法，单击“删除”→“保存”。

7. 更改鼠标

① 在桌面空白处单击鼠标右键，在展开的菜单中选择“个性化”命令，在打开的“个性化”窗口中，单击窗口左侧的“更改鼠标指针”超链接。

② 打开“鼠标属性”对话框，在“指针”选项卡设置不同状态下对应的鼠标图案，如选择“正常选择”选项，单击“浏览”按钮。

③ 打开“浏览”对话框，选择需要的图标。

④ 单击“打开”按钮，返回到“鼠标属性”对话框，单击“确定”按钮，即可更改鼠标形状。

8. 设置键盘

① 单击“开始”→“控制面板”命令，打开“控制面板”窗口，在“小图标”查看方式下，单击“键盘”选项，打开“键盘属性”对话框。

② 在“速度”选项卡中，可以设置“字符重复”和“光标闪烁速度”，拖动滑块即可调节。设置完成后，单击“确定”按钮。

三、实训

计算机的启动与关闭。

① 通过主机的开关电源启动电脑。

② 通过 Windows 7 的开始菜单重启电脑。

③ 在桌面建立一个 Word 文档，名为“学号-姓名-班级”，在文件中输入如下内容。

通常看一个人读些什么书就可知道他的为人，就像看他同什么人交往就可知道他的为人一样，因为有人以人为伴，也有人以书为伴。无论是书友还是朋友，我们都应该以最好的为伴。

May usually be known by the books he reads as well as by the company he keeps; for there is a companionship of books as well as of men; and one should always live in the best company, whether it be of books or of men.

好书就像是你最好的朋友。它始终不渝，过去如此，现在如此，将来也永远不变。它是最有耐心，最令人愉悦的伴侣。在我们穷愁潦倒，临危遭难时，它也不会抛弃我们，对我们总是一如既往地亲切。在我们年轻时，好书陶冶我们的性情，增长我们的知识；到我们年老时，它又给我们以慰藉和勉励。

A good book may be among the best of friends. It is the same today that it always was, and it will never change. It is the most patient and cheerful of companions. It does not turn its back upon us in times of adversity or distress. It always receives us with the same kindness; amusing and instructing us in youth, and comforting and consoling us in age.

人们常常因为喜欢同一本书而结为知已，就像有时两个人因为敬慕同一个人而成为朋友一样。有句古谚说道：“爱屋及屋。”其实“爱我及书”这句话蕴涵更多的哲理。书是更为真诚而高尚的情谊纽带。人们可以通过共同喜爱的作家沟通思想，交流感情，彼此息息相通，并与自己喜欢的作家思想相通，情感相融。

Men often discover their affinity to each other by the mutual love they have for a book just as two persons sometimes discover a friend by the admiration which both entertain for a third. There is an old proverb, “Love me, love my dog.” But there is more wisdom in this: “ Love me, love my book.” The book is a truer and higher bond of union. Men can think, feel, and sympathize with each other through their favorite author. They live in him together, and he in them.

好书常如最精美的宝器，珍藏着人生的思想的精华，因为人生的境界主要就在于其思想的境界。因此，最好的书是金玉良言和崇高思想的宝库，这些良言和思想若铭记于心并多加珍视，就会成为我们忠实的伴侣和永恒的慰藉。

A good book is often the best urn of a life enshrining the best that life could think out; for the world of a man’s life is, for the most part, but the world of his thoughts. Thus the best books are treasuries of good words, the golden thoughts, which, remembered and cherished, become our constant companions and comforters.

书籍具有不朽的本质，是为人类努力创造的最为持久的成果。寺庙会倒坍，神像会朽烂，而书却经久长存。对于伟大的思想来说，时间是无关紧要的。多年前初次闪现于作者脑海的伟大思想今日依然清新如故。时间惟一的作用是淘汰不好的作品，因为只有真正的佳作才能经世长存。

Books possess an essence of immortality. They are by far the most lasting products of human effort. Temples and statues decay, but books survive. Time is of no account with great thoughts, which are as fresh today as when they first passed through their author's minds, ages ago. What was then said and thought still speaks to us as vividly as ever from the printed page. The only effect of time have been to sift out the bad products; for nothing in literature can long survive e but what is really good.

书籍介绍我们与最优秀的人为伍，使我们置身于历代伟人巨匠之间，如闻其声，如观其行，如见其人，同他们情感交融，悲喜与共，感同身受。我们觉得自己仿佛在作者所描绘的舞台上和他们一起粉墨登场。

Books introduce us into the best society; they bring us into the presence of the greatest minds that have ever lived. We hear what they said and did; we see the as if they were really alive; we sympathize with them, enjoy with them, grieve with them; their experience becomes ours, and we feel as if we were in a measure actors with them in the scenes which they describe.

即使在人世间，伟大杰出的人物也永生不来。他们的精神被载入书册，传于四海。书是人生至今仍在聆听的智慧之声，永远充满着活力。

The great and good do not die, even in this world. Embalmed in books, their spirits walk abroad. The book is a living voice. It is an intellect to which on still listens.

④ 通过 Windows 7 的开始菜单关闭计算机。

实验二：Windows 7 个性化和任务栏操作

一、实验目的

① 熟悉 Windows 7 的特殊设置化效果。

② 掌握 Windows 7 的个性化设置。

二、实验内容

1. 将窗口颜色设置成深红色

① 在桌面空白处单击鼠标右键，在展开的右键菜单中单击“个性化”命令。

② 打开“个性化”窗口，单击窗口下方的“窗口颜色”按钮。

③ 打开“窗口颜色和外观”窗口，选中“深红色”选项，即可预览窗口颜色效果。

④ 单击“保存修改”按钮，再关闭“个性化”窗口即可。

2. 以“大图标”的方式查看桌面图标

① 在桌面空白处单击鼠标右键，在弹出的右键菜单中将鼠标指向“查看”命令，在展开的子菜单中单击“大图标”命令。

② 执行命令后，桌面上的图标即可以大图标的方式显示，方便用户查看。

3. 让 Windows 定时自动更换背景

① 在桌面空白处单击鼠标右键，在展开的右键菜单中单击“个性化”命令。

② 打开“个性化”窗口，在窗口下方单击“桌面背景”按钮，打开“桌面背景”窗口，然后单击“浏览”按钮。

③ 打开“浏览文件夹”对话框，选择图片文件夹（将所有希望作为桌面背景自动更换的图片保存在独立的文件夹中）。

④ 单击“确定”按钮，返回“桌面背景”窗口，可以查看图片，再单击“保存修改”按钮即可。

4. 删除和添加桌面上的“回收站”图标

① 在桌面空白处单击鼠标右键，在展开的右键菜单中单击“个性化”命令。

② 打开“个性化”窗口，单击窗口左侧的“更改桌面图标”链接。

③ 打开“桌面图标设置”对话框，在“桌面图标”栏下取消选中“回收站”复选框。

④ 单击“确定”按钮，再退出“个性化”窗口，可看见桌面上的“回收站”图标已经删除。

⑤ 打开“桌面图标设置”对话框，在“桌面图标”栏下选中“回收站”复选框即可。

5. 在桌面上添加时钟小工具

① 在桌面空白处单击鼠标右键，在展开的右键菜单中单击“小工具”命令。

② 打开工具窗口，可以看到许多小工具，双击需要的“时钟”工具，或者拖动此工具到桌面上，即可将“时钟”工具添加到桌面上。

③ 选中桌面上的时钟小工具，直接单击“☒”，或单击右键选择“关闭小工具”。

6. 将程序锁定至任务栏

① 如果程序未启动，在其快捷方式图标上单击右键，选择“锁定到任务栏”命令，即可将程序锁定到任务栏中。

② 如果程序已经启动，在任务栏上对应的图标上单击右键，选择“将此程序锁定到任务栏”命令。

7. 将任务栏按钮设置成“从不合并”

① 在“任务栏”空白处单击鼠标右键，选择“属性”命令，打开“任务栏和「开始」菜单属性”对话框。

② 在“任务栏”选项卡中，在“任务栏外观”栏下，单击“任务栏按钮”下拉按钮，在展开的下拉菜单中选择“从不合并”选项。

③ 单击“确定”按钮，即可看见设置前和设置后的差别。

三、实训

1. 将窗口颜色设置成“天空”色。
2. 将桌面背景换成自己喜欢的主题背景。
3. 添加控制面板图标到桌面上，删除桌面上的回收站图标。
4. 在桌面添加中国天气小工具，然后删除，再在桌面上添加日历小工具。
5. 将 Word 2010 的快捷方式锁定到任务栏。

实验三：文件和文件夹操作

一、实验目的

① 掌握创建、重命名和删除文件与文件夹的方法。

② 掌握选择文件与文件夹的方法。

③ 掌握复制与移动文件和文件夹的方法。

④ 掌握搜索文件的方法。

⑤ 掌握文件属性与文件夹选项的设置方法。

二、实验内容

1. 浏览文件和文件夹

（1）文件夹的展开和折叠

① 选择“开始”→“计算机”命令，打开计算机管理界面。

② 把鼠标放在左侧的“计算机”选项上，则每个项目上会显示图标，单击“计算机”前面的图标，则可展开“计算机”下面的文件和子文件夹。

③ 展开后的“计算机”文件夹前的图标就将变成模式，单击此图标将折叠“计算机”下的子文件夹。

（2）更改文件的显示方式

在浏览窗口中的内容时，可以根据不同的需要，选择适合的内容显示方式。Windows 7 提供了 8 种显示方式：超大图标、大图标、中等图标、小图标、列表、详细信息、平铺和内容。

单击“更改您的视图”按钮右侧的按钮，将弹出一个菜单，选择您需要的视图方式，这里选择“大图标”命令。

2. 不打开文件预览文件内容

① 单击选中需要预览的文件，如图片文件、Word 文档、PPT 等。

② 单击按钮，在窗口右侧的窗格中就会显示出该文件的内容，如图 1-7 所示。

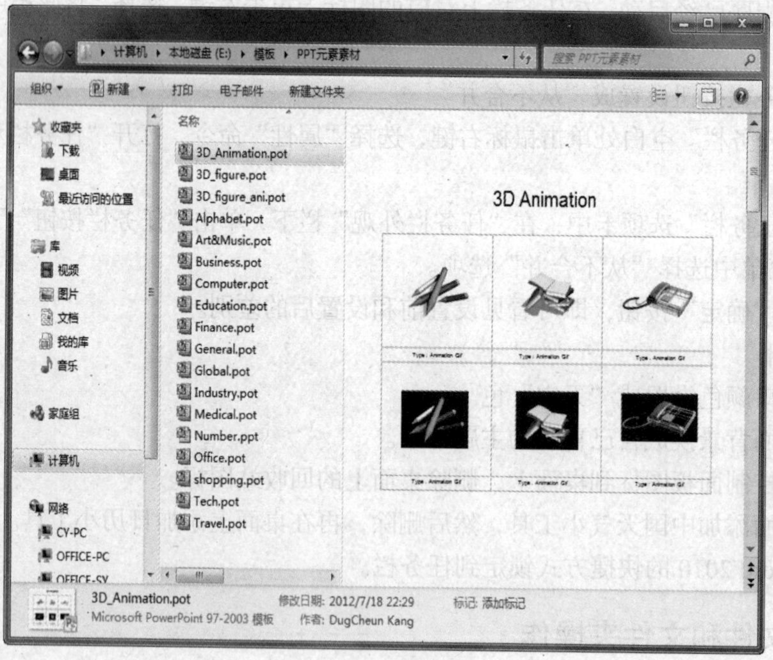

图 1-7 预览文件内容

3. 选择多个连续文件或文件夹

① 单击要选择的第一个文件或文件夹后按住 Shift 键。

② 再单击要选择的最后一个文件或文件夹，则将以所选第一个文件和最后一个文件为对角线的矩形区域内的文件或文件夹全部选定，如图 1-8 所示。

图 1-8　选中连续文件

4. 选择不连接文件或文件夹

① 首先单击要选择的第一个文件或文件夹，然后按住 Ctrl 键。

② 再依次单击其它要选定的文件或文件夹，即可将这些不连续的文件选中，如图 1-9 所示。

图 1-9　选中不连续文件

5. 复制文件或文件夹

① 选定要复制的文件或文件夹。

② 单击“组织”按钮，在弹出的下拉菜单中单击“复制”命令，如图 1-10 所示。

③ 打开目标文件夹（复制后文件或文件夹所在的文件夹），单击“组织”按钮，弹出下拉菜单，选择“粘贴”命令，可粘贴成功。

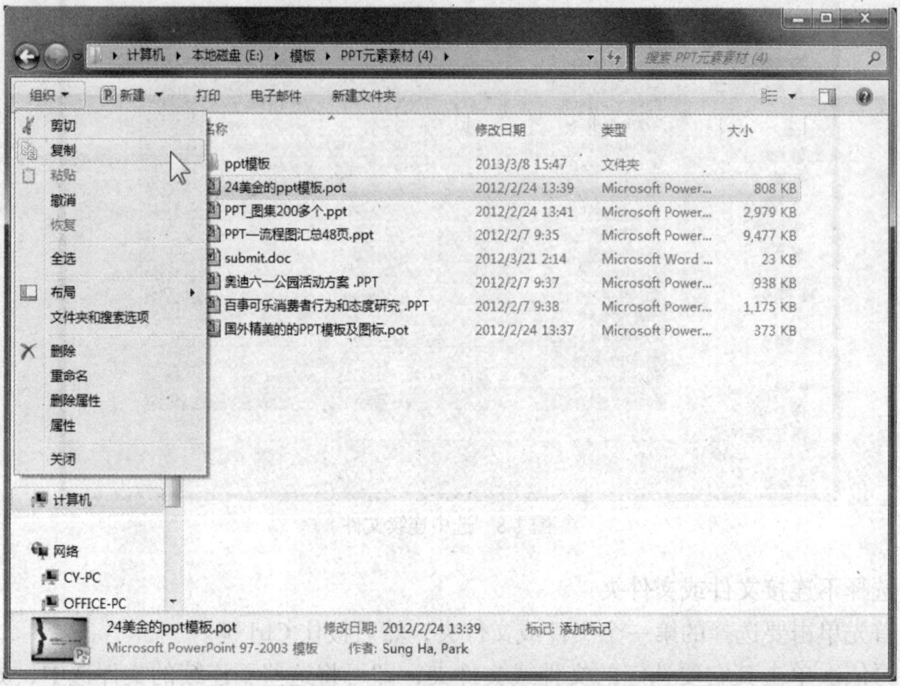

图 1-10　进行“复制”操作

④ 选定要移动的文件或文件夹。

⑤ 单击“组织”按钮，在下拉菜单中单击“剪切”命令，或者右键单击需要复制的文件或文件夹，在弹出的快捷菜单中单击“剪切”命令。也可按下 Ctrl+X 组合键进行剪切。

⑥ 打开目标文件夹（即移动后文件或文件夹所在的文件夹），单击“组织”按钮，在下拉菜单中单击“粘贴”命令。或者右键单击需要复制的文件或文件夹，在弹出的快捷菜单中单击“粘贴”命令。也可以按下 Ctrl+V 组合键进行粘贴。

6. 重命名文件和文件夹

用户可以根据需要，改变已经建立的文件和文件夹的名称。下面将图片“菊花”重命名为“植物”，具体操作步骤如下。

① 选定“菊花”文件。

② 单击“文件”→“重命名”命令。或者在选中的文件或文件夹上右键单击，在弹出的快捷菜单中选择“重命名”。

③ 输入“植物”，按回车键即可。

④ 将“植物.jpg”重命名为“植物.mp3”，如果文件扩展名未隐藏，则直接将文件重命名为“植物.mp3”。

如果文件扩展名被隐藏，则需要先取消文件扩展名隐藏。取消扩展名步骤：打开“计算机”，单击“组织”→“布局”→“菜单栏”，单击菜单栏的“工具”→“文件夹选项”→“查看”，拖动滚动条，将“隐藏已知文件类型的扩展名”复选框内的对勾去掉，单击“确定”，最后直接将文件重命名为“植物.mp3”即可。

7. 文件属性设置

选中需要设置的文件，如“第一章计算机基础知识”，单击右键打开属性对话框，可将文件设置为只读和隐藏，单击高级，可以将文件属性设置为可以存档，如图 1-11 所示。

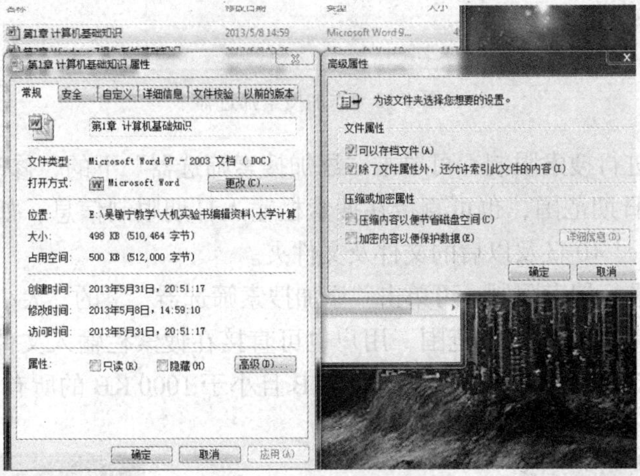

图 1-11 文件属性设置

如需显示已隐藏的文件或文件夹，步骤如下：打开“计算机”，单击“组织”→“布局”→“菜单栏”，单击菜单栏的“工具”→“文件夹选项”→“查看”，拖动滚动条，将“隐藏文件和文件夹”下的“显示隐藏的文件、文件夹和驱动器”前的复选框内选中打对勾，单击“确定”即可。

8. 文件及文件夹搜索

（1）如知道文件所在文件夹或驱动器盘（如 D 盘），直接打开文件夹或者驱动器盘，如不知道文件所在大体位置，直接打开“计算机”，在图 1-12 所示搜索栏中输入所需文件或文件夹名。

图 1-12 文件搜索栏

（2）如果不知道具体的文件名，则可利用通配符“*”和“？”进行模糊搜索。

“*”：可以使用星号代替 0 个或多个字符。如果正在查找以 AEW 开头的一个文件，但不记得文件名其余部分，可以输入 AEW*，查找以 AEW 开头的所有文件类型的文件，如 AEWT.txt、AEWU.EXE、AEWI.dll 等。要缩小范围可以输入 AEW*.txt，查找查找以 AEW 开头的所有文件类型并.txt 为扩展名的文件如 AEWIP.txt、AEWDF.txt。

“？”：可以使用问号代替一个字符。如果输入 love?，查找以 love 开头的一个字符结尾文件类型的文件，如 lovey.txt、lovei.doc 等。要缩小范围可以输入 love?.doc，查找以 love 开头的一个字符结尾文件类型并.doc 为扩展名的文件如 lovey.doc、loveh.doc。

① 如要搜索“note2.txt”，打开“计算机”，在文件搜索栏中直接输入“note2.txt”，按回车即可。

② 如不知文件全名或者不想输入文件全名，可利用通配符进行搜索，如要搜索“note2.txt”，则可输入“n*”、“n*.txt”、“not*”、“not*.txt”、“note?”、“*te”等等都可以。

③ 为了缩小搜索范围，可以按修改日期和文件大小的范围进行搜索，如图 1-13 所示。

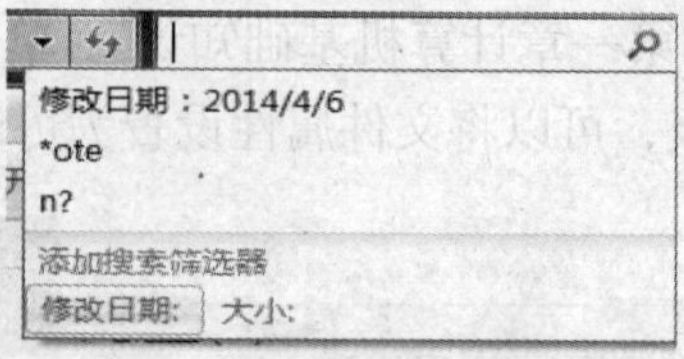

图 1-13 添加搜索筛选器

如按修改日期进行搜索限制，可单击“添加搜索筛选器”下的“修改日期”，如图 1-14 所示，可选择修改日期范围，也可直接在搜索栏输入日期限制信息，如输入：>=2014/3/10 表示搜索 2014 年 3 月 10 日及以后的文件及文件夹。

如按文件大小进行搜索限制，可单击“添加搜索筛选器”下的“大小”，如图 1-15 所示，可直接选择系统给定的文件大小范围，用户也可直接在搜索栏输入文件大小限制信息，如 >200KB and<1000 KB 表示需要搜索大于 200 KB 且小于 1000 KB 的所有文件。

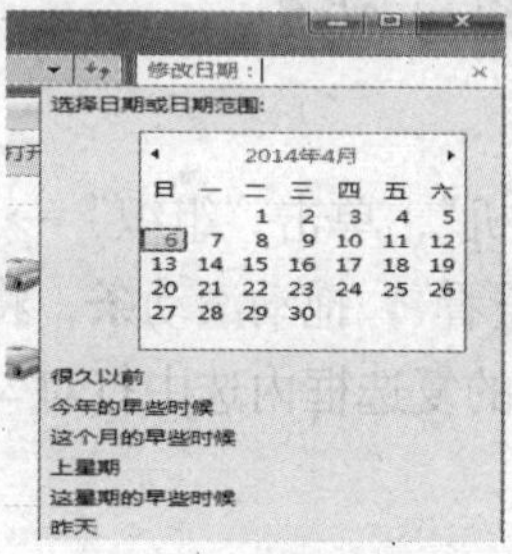

图 1-14 修改日期

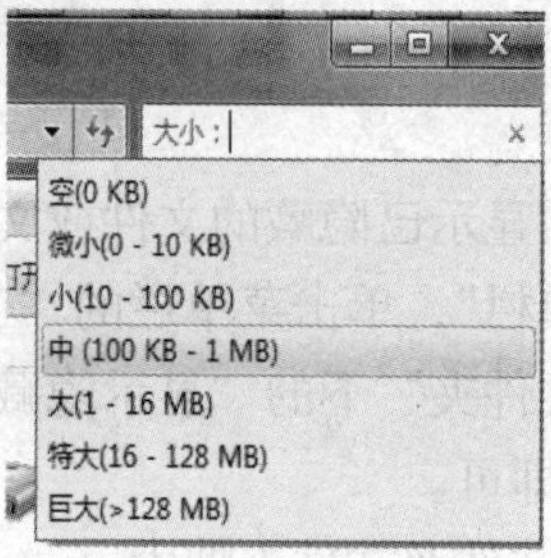

图 1-15 文件大小列表

9. 美化文件夹图标

① 右击需要更改图标的文件夹，如“大学计算机学习资料”文件夹，在弹出的菜单中单击“属性”命令图，打开其“属性”对话框。

② 选择“自定义”选项卡，然后单击“更改图标”按钮，打开“为文件夹*更改图标”对话框（*代表具体的某个文件夹），在列表框中选择一种图标。

③ 依次单击“确定”按钮，即可设置成功。

10. 创建“库”

① 打开“计算机”窗口，在左侧的导航区可以看到一个名为“库”的图标。

② 右键单击该图标，在下拉菜单中选择“新建”→“库”命令，如图 1-16 所示。

③ 系统会自动创建一个库，然后就像给文件夹命名一样为这个库命名，比如命名为“图片”，如图 1-17 所示。

④ 在“图片”库中添加文件或者文件夹，首先需要在“图片”库中添加或者新建一个文件夹。如新建的文件夹为“植物”，则在“图片”库中添加文件或者文件夹，在“计算机”中找到需要添加到“图片”库中的文件或者文件夹，直接按住鼠标左键拖入左侧的导航区中的“图片”库或者“植物”文件夹中。

⑤ 删除库中文件，选中库中需要删除的文件，单击右键，单击“删除”即可。

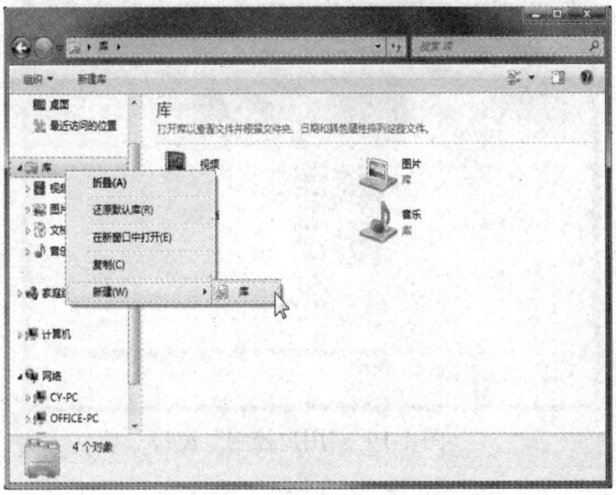

图 1-16 “新建库”操作

图 1-17 新建的库名称

三、实训

1. 在“第一章实验素材”文件夹中新建一个文件，文件名为“note1.txt”，重命名“第一章实验素材”文件夹中的“note2.txt”为“diary.doc”,并移动到文件夹“1”中，复制文件夹“1”中的“note3.txt”到文件夹“2”中，删除文件夹“2”中的“note4.txt”，设置“note5.txt”为只读和隐藏，在桌面上创建“第一章实验素材”文件夹的快捷方式。

2. 在浏览“第一章实验素材”文件夹时，显示方式为大图标。

3. 美化“第一章实验素材”文件夹图标，自由选择默认图标以外任意图标。

4. 创建一个新库，命名为“植物”，在“植物”库中新建一个文件夹命名为“花卉”，然后将“第一章实验素材”文件夹文件“菊花”添加到“植物”库中。

实验四：控制面板操作

一、实验目的

① 熟悉控制面板。

② 掌握 Windows 7 各种功能的操作方法。

二、实验内容

1. 启用家长控制功能

网络有许多不健康的内容，而且长时间地使用电脑，对少年儿童的成长发育会造成不良的影响。在 Windows 7 中，提供了家长控制功能，可以让家长们设定限制，控制孩子对某些网站的访问权限、可以登录到计算机的时长、可以玩的游戏以及可以运行的程序。

① 打开“控制面板”，在“小图标”查看方式下，单击“家长控制”链接，打开“家长控制”窗口。

② 选择被家长控制的账户（管理员账户不能被选择），单击要控制的标准用户账户，如图 1-18 所示。

③ 在打开的“用户控制”窗口中，可以设置各种家长控制项。在“家长控制”栏下选中“启用，应用当前设置”单选项，如图 1-19 所示。

④ 单击“确定”按钮，即可启用家长控制功能。

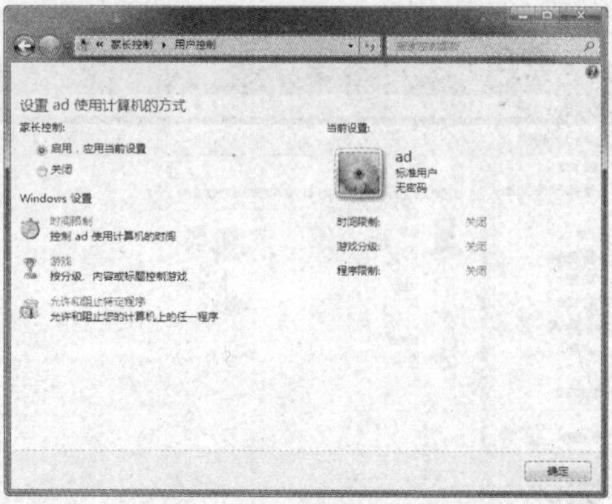

图 1-18 “家长控制”窗口

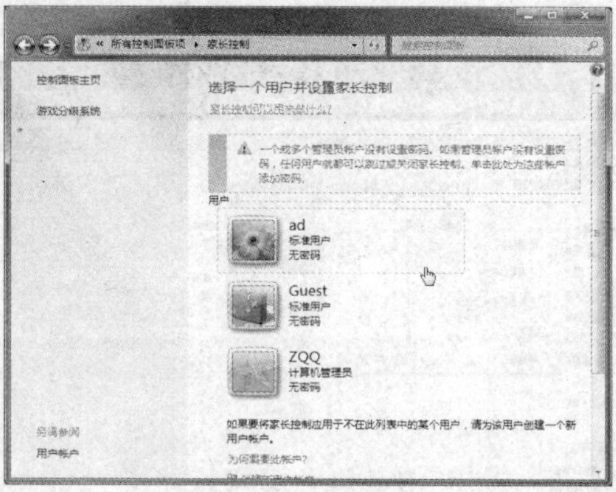

图 1-19 “用户控制”窗口

2. 切换家庭网络和其他网络

① 打开“控制面板”，在“类别”查看方式下，单击“网络和 Internet”下的“查看网络状态和任务”连接。

② 打开“网络和共享中心”窗口，在“查看活动网络”栏下，可以看到现在使用的是“家庭网络”，单击此选项。

③ 打开“设置网络位置”窗口，窗口中列出了家庭网络、工作网络和公用网络三种网络设置，根据自己需求选择。这里选择“工作网络”选项。

④ 单击“工作网络”选项后，直接单击“关闭”按钮即可。

3. 找回家庭组密码

在前面学习了创建家庭组的方法。创建后，如果忘记了家庭组密码，可以找回。

① 打开“控制面板”窗口，在“小图标”的查看方式下，单击“家庭组”选项。在打开的窗口中，单击“查看或打印家庭组密码”链接，如图 1-20 所示。

② 在打开的窗口中即可查看到家庭组的密码，如图 1-21 所示。

图 1-21 “家庭组”窗口

图 1-21 查看家庭组密码

4. 删除程序

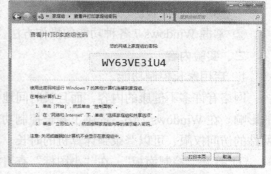

① 单击“开始”→“控制面板”菜单命令，在“小图标”的“查看方式”下，单击“程序和功能”选项。

② 打开“卸载或更改程序”窗口，在列表中选中需要卸载的程序，单击“卸载”按钮。

③ 打开确认卸载对话框，如果确定要卸载，单击“是”按钮，即可进行程序卸载。

5. 创建新的管理员用户

管理员（administrator）账户拥有对全系统的控制权，可以改变系统设置，可以安装、删除程序，能访问计算机上所有的文件。除此之外，此账户还可创建和删除计算机上的用户账户、可以更改其他人的账户名、图片、密码和账户类型。

① 使用管理员账户登录系统，打开“控制面板”窗口，在“小图标”查看方式下单击“用户账户”选项。

② 打开“更改用户账户”窗口，单击“管理其他账户”链接。

③ 在“选择希望更改的账户”窗口中，单击下方的“创建一个新账户”链接。

④ 在“命名账户并选择账户类型”窗口上方的文本框中输入一个合适的用户名，然后选中“管理员”单选项。

⑤ 单击 创建账户 按钮，即可创建一个新的管理员账户。

6. 为账户设置登录密码

① 在“控制面板”中，单击“用户账户”选项，打开“更改用户账户”窗口。

② 单击“管理其他账户”链接，在打开的“选择希望更改的账户”窗口中单击需要设置密码的账户（以 administrator 用户为例）。

③ 打开“更改 administrator 的账户”窗口，单击左侧的“创建密码”链接。

④ 在“为 ad 的账户创建一个密码”窗口中，输入新密码、确认密码和密码提示，单击 创建密码 按钮即可。

7. 更改账户的头像

① 在“控制面板”中单击“用户账户”选项，打开“更改用户账户”窗口，单击“更改图片”链接。

② 在“为您的账户选择一个图片”窗口中，选择一个合适的图片，再单击“更改图片”按钮，即可更改成功。

8. 磁盘清理

① 单击“开始”→“所有程序”→“附件”→“系统工具”→“磁盘清理”菜单命令，打开“磁盘清理：驱动器选择”对话框，选择需要清理的磁盘，如 D 盘。

② 单击“确定”按钮，开始清理磁盘。清理磁盘结束后，弹出“（D:）的磁盘清理”对话框，选中需要清理的内容。

③ 单击“确定”按钮即可开始清理。

9. 磁盘碎片整理

① 单击“开始”→“所有程序”→“附件”→“系统工具”→“磁盘碎片整理程序”菜单命令，打开“磁盘碎片整理程序”对话框。

② 在列表框中选中一个磁盘分区，单击 分析磁盘(A) 按钮，即可分析出碎片文件占磁盘容量的百分比。

③ 根据得到的这个百分比，确定是否需要进行磁盘碎片整理，在需要整理时单击 磁盘碎片整理(D) 按钮即可。

三、实训

1. 创建新的标准用户，用户名为：ylxy，密码为：123456，用户头像为第二行第三列图片，启用家长控制，设置时间限制，只允许该标准用户可以在每周星期六和星期天早上九点到下午两点之间使用电脑，并且不可以玩游戏。

2. 删除标准用户：ylxy。

3. 对 D 盘进行磁盘清理和磁盘碎片整理。

4. 在“第一章实验素材”中，安装 vb6.0.exe（要求自定义安装到 D 盘）。安装好后，再在“控制面板”中将 vb6.0 卸载。

实验五：Windows 7 附件应用

一、实验目的

① 掌握记事本相关操作。

② 掌握画图工具的应用。

③ 掌握计算器的应用。

④ 掌握抓屏操作。

二、实验内容

1. 记事本的操作

① 单击“开始”→“所有程序”→“附件”→“记事本”命令，打开“记事本”窗口。

② 在“记事本”窗口中输入内容，并选中。然后单击“格式”→“字体”命令。

③ 打开“字体”对话框，在对话框中可以设置“字体”、“字形”和“大小”，单击“确定”按钮即可设置成功。

④ 单击“编辑”按钮，展开下拉菜单，可以对选中的文本进行复制、删除等操作。或者选择“查找”命令，对文本进行查找等。

⑤ 编辑完成后，单击“文件”→“保存”按钮，将记事本保存在适当的位置。

2. 计算器的使用

① 单击“开始”→“所有程序”→“附件”→“计算器”命令，打开“计算器”程序。

② 在计算器中，单击相应的按钮，即可输入计算的数字和方式。输入“85*63”算式，单击“=”号按钮，即可计算出结果。

③ 单击“查看”→“科学型”命令，即可打开科学型计算器程序，可进行更为复杂的运算。如计算“tan30”的数值，先单击输入“30”，然后单击 tan 按钮，即可计算出相应的数值。

3. Tablet PC 输入面板

① 首先打开需在输入内容的程序，如 Word 程序，将光标定位到需要插入内容的地方。

② 单击“开始”→“所有程序”→“附件”→“Tablet PC”→“Tablet PC 输入面板”命令，打开输入面板。

③ 打开输入面板后，当鼠标放在面板上后，可以看到鼠标变成一个小黑点。拖动鼠标即可在面板中输入内容。输入完后，自动生成，如图 1-22 所示。

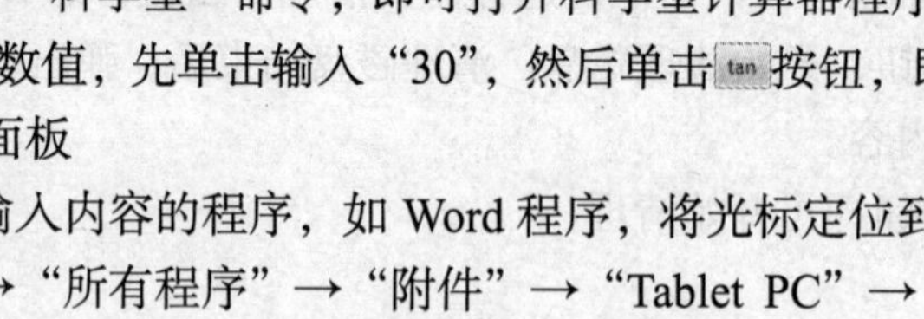

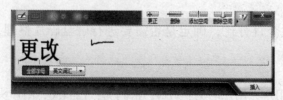

图 1-22 在 Tablet PC 面板中输入内容

④ 输入完成后，单击“插入”按钮，即可将书写的内容插入到光标所在的位置。

⑤ 如果在面板中书写错误，单击输入面板中的“删除”按钮，然后拖动鼠标在错字上画一条横线即可删除。

⑥ 如要关闭 Tablet PC 面板，直接单击“关闭”按钮是无效的。正确的方法是：单击“工具”选项，在展开的下拉菜单中选择“退出”命令。

4. 画图工具的使用

（1）绘制图形

① 单击“开始”→“所有程序”→“附件”→“画图”命令，打开“画图”窗口。

② 在空白窗口中拖动鼠标即可绘制图形。

③ 如果绘制得不正确，单击“橡皮擦”按钮，鼠标即变成小正方形，按住鼠标左键，在需要擦除的地方拖动鼠标即可删除。

④ 绘制完成后，在“颜色”区域单击选中需要的颜色，然后单击“用颜色填充”按钮，在图形内单击一下，即可填充选择的颜色。

⑤ 绘制完成后，单击画图窗口左上方的按钮，在展开的下拉菜单中选择“保存”命令进行保存即可。

（2）处理图片

① 在画图程序中，单击按钮，在展开的菜单中选择“打开”命令。

② 打开“打开”对话框，选中需要处理的图片，然后单击“打开”按钮。打开图片后，若由于图片过大，无法查看到全部图片，可以在画图程序的“查看”选项卡中单击“缩小”按钮，即可显示完整的图片。

③ 在“主页”选项卡中，单击“选择”按钮，在下拉菜单中选择选取的形状，如“矩形”。

④ 然后拖动鼠标，在图片中选取需要的矩形块部分。

⑤ 再单击“剪裁”按钮，即可只保留选取的部分。

⑥ 然后将剪裁后的部分另存在合适的文件夹中即可。

5. 抓屏、截屏方法

① 如需抓整个屏幕，按键盘上的“PrtSc”，打开绘图工具，在默认文件中单击“开始”→“画图”→“粘贴”。

② 处理、保存图片。

三、实训

1. 在“第一章实验素材”文件夹中新建一个记事本，文件名为：djsy.txt。记事本输入一段文字，字体为黑体，字号为小四，内容如下：

> 榆林学院坐落在陕甘宁蒙晋接壤区的国家重要能源化工基地、历史文化名城和现代特色农业基地——陕西省榆林市，是一所以工科为主，工、管、文、理、农、法等多学科协调发展的省属本科院校。学校创建于 1958 年，2003 年升格为本科院校，定名为榆林学院。经过 50 多年的努力，学校已发展成为一所有层次、有规模、有特色、环境优美、人才荟萃、设施先进的现代化高校。

2. 利用计算器程序计算出 8^5 的值、8 的阶乘的值、十进制的 123 转换为二进制的值，将以上三个值保存到“第一章实验素材”文件夹中的“附件计算器”文件中。

3. 利用画图程序中打开“第一章实验素材”文件夹中的“榆林学院.jpg”，将该图片的像素设置为：水平 1000、垂直 700，并保存。

4. 利用画图程序中编辑图片，打开“第一章实验素材”文件夹中的“康乃馨.jpg”，将该图片中的左上角竖排写“康乃馨”，打开“第一章实验素材”文件夹中的“玫瑰.gif”，将该图片的左上角“玫瑰”改为“红玫瑰”。

5. 在画图程序中绘制一个黄色的圆形和一个红色正方形。

1.3 综合实训

1. 将“第一章实验素材”文件夹下 QUEN 文件夹中的 XINGMINGTXT 文件移动到“第一章实验素材”文件夹下 WANG 文件夹中，并改名为 SUI.DOC。

2. 在“第一章实验素材”文件夹下创建文件夹 NEWS，并设置属性为隐藏并取消存档属性。

3. 将“第一章实验素材”文件夹下 WATER 文件夹中的 BAT.BAS 文件复制到“第一章实验素材”文件夹下 SEEE 文件夹中。

4. 将“第一章实验素材”文件夹下 KING 文件夹中的 THINK.txt 文件删除。

5. 在“第一章实验素材”文件夹下为 DENG 文件夹中的 ME.xls 文件建立名为 MEKU 的快捷方式，并保存在该文件夹中。

6. 打开在“第一章实验素材”文件夹下 DENG 文件夹中的“进制转换 1.txt”，应用附件中的计算器计算相关题目值，填入相应括号内，并保存。

7. 打开在“第一章实验素材”文件夹下 DENG 文件夹中的“蝴蝶.jpg”，应用附件中的画图工具对该图进行编辑，在图片的左上角竖排输入“蝴蝶”，将“蝴蝶”字体设置：20 号，字体：微软雅黑，然后在图片上方插入两个小的“五角星形”性状，保存。

8. 在桌面添加时钟小工具，将窗口颜色设置为“紫罗兰色”，并且非透明。

9. 在“第一章实验素材”文件夹下 DENG 文件夹中新建一个 Word 文件，命名为“青春”，在该文档中录入以下内容，并保存。

青春

Youth

青春不是生命的一个阶段，它是一种精神状态；它不是红润的面颊，红唇和冰肌柔骨，它是一种意愿、最优的创造力和充满活力的情感；它是生命深泉的新鲜。

Youth is not a time of life; it is a state of mind; it is not a matter of rosy cheeks, red lips and supple knees; it is a matter of the will, a quality of the imagination, a vigor of the emotions; it is the freshness of the deep springs of life.

青春是一种气质：勇猛果敢而不是怯懦退缩,渴望冒险而不是贪图安逸。如此锐气，一个 60 岁的老者比一个 20 岁的青年更多。人老不仅仅是岁月流逝所致年之久。年岁有加，并非垂老，理想丢弃，方堕暮年。

Youth means a temperamental predominance of courage over timidity, of the appetite for adventure over the love of ease. This often exists in a man of 60 more than a boy of 20. Nobody grows old merely by a number of years. We grow old by deserting our ideals.

岁月悠悠，衰微只及肌肤；热忱抛却，颓唐必至灵魂。忧虑、恐惧、缺乏自信，会扭曲人的灵魂，并将青春化为灰烬。

Years may wrinkle the skin, but to give up enthusiasm wrinkles the soul. Worry, fear, self-distrust bows the heart and turns the spirit back to dust.

无论是 60 岁还是 16 岁，你需要保持永不衰竭的好奇心，永不熄灭的孩提奇迹之诱惑的欲望和对未来的什么享受生活带来的乐趣。中心的心中，都有一座无线电台,它能在多长时间里接收到人间万物传递来的美好、希望、欢乐、勇气和力量的电波永不消失，人，你就会年轻多长时间。

Whether 60 or 16, there is in every human being’s heart the lure of wonders, the unfailing appetite for what’s next and the joy of the game of living. In the center of your heart and my heart, there is a wireless station; so long as it receives messages of beauty, hope, courage and power from man and from the infinite, so long as you are young.

一旦天线倒塌，锐气便被冰雪覆盖，玩世不恭的霜雪和悲观厌世的冰层，那么即使你已经年老了，已垂垂老矣；然则只要竖起天线，捕捉乐观的信号，你就有希望在 80 岁死去，也仍然年轻可以吗?

When your aerials are down, and your spirit is covered with snows of cynicism and the ice of pessimism, then you’ve grown old, even at 20; but as long as your aerials are up, to catch waves of optimism, there’s hope you may die young at 80.

1.4 常见错误和难点分析

1. 文件和文件夹操作中复制和移动概念混淆

复制文件或文件夹操作：将文件复制粘贴到指定位置。选中原文件→复制→粘贴到指定位置。或者选中原文件，同时按住 Ctrl 键和鼠标左键拖动到指定位置。

移动文件或文件夹操作：将文件剪切粘贴到指定位置。选中原文件→剪切→粘贴到指定位置。或者选中原文件，同时直接按住鼠标左键拖动到指定位置。

2. 文件重命名

文件重命名的时候不要更改扩展名。

3. 任务栏问题

Windows 7 任务栏与 Vista、XP 有很大不同，它可以显示更多正在运行的任务，但有时候你会觉得很难一眼分辨正在运行的应用程序和启动快捷方式。

可以通过下列操作修改：右键单击任务栏，选择属性，任务栏按钮设置为“从不合并”或“任务栏已满时再合并”。

4. iPhone 无法同步

不少 iPhone 用户报告称 Windows 7 无法与他们使用的 iPhone 进行信息同步操作，特别是 64 位系统经常出现类似的问题。

解决方案：禁止 USB 电源管理功能。单击开始菜单，输入“DEVMGMT.MSC”启动设备管理程序；展开串行总线控制器的子菜单，在 USB 集线器右键属性中，设置为“允许计算机关闭此设备以节约电源”，重启系统。

5. 个性设置被主题破坏

Windows 7 的酷炫主题让用户几乎每天都可以更换不同的心情。但是它有一个副作用：如果你更换了回收站的图标，主题默认又会把它还原为最初的样子。

解决方案：右键桌面，选择个性化→更改桌面图标→清除“允许的主题改变桌面图标”复选框，然后单击确定。现在你的图标将被保留，唯一的更换方法是从类似的桌面对话框中手动改变它们。

6. 更改桌面上的图标的大小

使用 Ctrl + 鼠标滚轮，或者在桌面上单击右键→查看→选择不同的图标大小。

7. 恢复桌面上消失的“计算机”图标

在桌面上单击右键→个性化→更改桌面图标（左侧）→选中“计算机”。

第二章 Word 2010 文字处理

2.1 知识要点

1. Word 2010 工作界面

Word 2010 工作界面主要由标题栏、快速访问工具栏、选项卡标签、功能区、文档编辑区、任务窗格、滚动条、状态栏、视图切换区和显示比例组成。

2. 视图模式

视图模式包括“页面视图”、“阅读版式视图”、“Web 版式视图”、“大纲视图”和“草稿视图”。

3. 字体设置

常用 word 文档中中文字体一般为宋体、英文为 Times New Roman。

在 Word 文档中，字号的大小以“磅”为单位，一磅大约等于 0.3528 毫米，字号大小可在 1 到 1638 磅范围内变化，在字号文本框中采用直接输入的方法，可支持字号最小调节步长为 0.5 磅。Word 默认字号列表中仅提供 5 到 72 磅之间的常用磅值，其中共有 16 种中文字号，它们分别对应特定的磅值，如“五号”对应的是 10.5 磅，“小一”对应的是 24 磅。

4. 剪贴板

剪贴板是指 windows 操作系统提供的一个暂存数据，并且提供共享的一个模块。也称为数据中转站，剪切板在后台起作用，在内存里，是操作系统设置的一段存储区域，在硬盘里找不到.只有文本输入的地方按 CRTL+V 或右键粘贴就出现了，新的内容送到剪切板后，将覆盖旧内容。即剪切板只能保存当前的一份内容，因在内存里，所以，电脑关闭重启，存在剪切板中的内容将丢失。

剪贴板在 Word 中以任务窗格的形式出现，打开 Word2010，单击“开始”→“ ”弹出剪贴板。剪贴板允许用户存放 24 复制或剪切的内容，而且在 Office 系列软件中，剪贴板信息是共用的，可以在 Office 文档内或文档之间进行更复杂的复制和移动操作。使用时，可以事先将需要信息一个一个复制或剪切到剪贴板上，需要时可以直接单击剪贴板中相应的项目即可插入文档。

5. Word 2010 常用快捷键

① 使用鼠标拖动的方法将不连续的第一个文字区域选中，接着按“Ctrl”键不放，继续用鼠标拖动的方法选取余下的文字区域，直到最后一个区域选取完成后，松开“Ctrl”键即可。

② 选中文本的开始位置，接着按“Shift”键不放，继续用鼠标选中文本的结束位置，松

开“Shift”键即可。

③ 选中整个文档按：Ctrl+A。

④ 复制：Ctrl+C。

⑤ 粘贴：Ctrl+V。

⑥ 剪切：Ctrl+X。

⑦ “查找和替换”对话框：F5。

⑧ 中英文状态切换：Ctrl+space。

⑨ 中文输入法之间切换：Ctrl+ Shift。

⑩ 删除插入点前面的文字：BackSpace。

⑪ 删除插入点后面的文字：delete。

⑫ 强制分页按：Ctrl+Enter。

6. 文字环绕

文字环绕是 Microsoft Office Word 软件的一种排版方式，主要用于设置 Word 文档中的图片、文本框、自选图形、剪贴画、艺术字等对象与文字之间的位置关系。一般包括四周型、紧密型、衬于文字下方、浮于文字上方、上下型、穿越型等多种文字环绕方式。

① 四周型环绕：不管图片是否为矩形图片，文字以矩形方式环绕在图片四周。

② 紧密型环绕：如果图片是矩形，则文字以矩形方式环绕在图片周围，如果图片是不规则图形，则文字将紧密环绕在图片四周。

③ 衬于文字下方：图片在下、文字在上分为两层，文字将覆盖图片。

④ 浮于文字上方：图片在上、文字在下分为两层，图片将覆盖文字。

⑤ 上下型环绕：文字环绕在图片上方和下方。

⑥ 穿越型环绕：文字可以穿越不规则图片的空白区域环绕图片。

⑦ 编辑环绕顶点：用户可以编辑文字环绕区域的顶点，实现更个性化的环绕效果。

2.2 基本操作及内容

实验一：Word 2010 创建、保存和退出

一、实验目的

① 掌握 Word 2010 文档的打开和创建。

② 掌握 Word 2010 文档的保存和退出。

二、实验内容

1. Word 文档的新建

① 启用 Word 2010 程序新建文档

在桌面上单击左下角的“开始”→“所有程序”→“Microsoft Office”→“Microsoft Office Word 2010”选项，可启动 Microsoft Office Word 2010 主程序，打开 Word 文档。

② 新建空白文档

运行 Word 2010 程序，进入主界面中，单击“文件→新建→空白文档”，单击“创建”按钮即可创建一个新的空白文档。

③ 使用保存的模板新建

a. 单击“文件”→“新建”标签，在“可用模板”区域单击“我的模板”按钮。

b. 打开“新建”对话框，在“个人模板”列表框中选择保存的模板，单击“新建”按钮，即可根据现有文档新建文档。

2. Word 2010 快捷方式的创建

单击“文件”→“另存为”，打开“另存为”对话框，为文档设置保存路径，和保存类型，单击“保存”按钮即可。

3. Word 文档的保存

在桌面上单击左下角的“开始”→“所有程序”→“Microsoft Office”，选中“Microsoft Office Word 2010”单击右键，单击“发送到”→“快捷方式”即可。

4. Word 文档的退出

（1）单击“关闭”按钮

打开 Microsoft Office Word 2010 程序后，单击程序右上角的关闭按钮（），可快速退出主程序。

（2）从菜单栏关闭

打开 Microsoft Office Word 2010 程序后，右击开始菜单栏中的任务窗口，打开快捷菜单，选择“关闭”选项，可快速关闭当前开启的 Word 文档。如果同时开启较多文档可用该方式分别进行关闭。

三、实训

1. 在“第二章实验素材”中创建 Word 2010 的快捷方式。

2. 新建一个 Word 文档，命名为“第二章实验一”，文件内容：榆林学院+学生院系+班级+学号+姓名（请学生填写个人具体信息），然后保存到“第二章实验素材”文件夹中，保存退出。

3. 打开已有 Word 文档“西部网讯.doc”,在文件末尾添加一个新的段落后，保存退出，添加段落内容如下：

> 榆林市位于陕西省的最北部，在陕北黄土高原和毛乌素沙地南缘的交界处，也是黄土高原和内蒙古高原的过渡区，是国家级历史文化名城。辖榆阳区和府谷、神木、定边、靖边、横山、米脂、佳县、子洲、吴堡、绥德、清涧 11 个县，总面积 43578 平方公里，总人口 3351437 人，耕地 64.1 万公顷，为陕西杂粮的主产区。能源矿产资源富集一地，被誉为“中国的科威特”。有世界七大煤田之一的神府煤田，有我国陆上探明的最大整装气田。轻工产品以皮革、纺织、毛毯最为出名。名胜古迹有红石峡、镇北台、李自成行宫、易马城等。

实验二：Word 2010 文本操作与格式设置

一、实验目的

① 掌握 Word 2010 的文字的录入和编辑。

② 掌握 Word 2010 的字体格式的设置。

③ 掌握 Word 2010 的段落设置。

④ 掌握 Word 2010 的项目和标号的使用。

⑤ 掌握 Word 2010 的背景设置。

⑥ 掌握 Word 2010 的分栏设置。

⑦ 掌握 Word 2010 的查找替换。

二、实验内容

1. 文档的输入

（1）手动输入文本

打开 Word 文档后，直接手动输入文字即可。

（2）利用“复制+粘贴”录入文本

① 打开参考内容的文本，选择需要复制的文本内容，按“Ctrl+C”组合键或单击鼠标右键，打开快速选项菜单，选择“复制”命令。

② 将光标定位在文本需要粘贴的位置，按“Ctrl+V”组合键进行粘贴或单击鼠标右键，打开快速选项菜单，选择“粘贴”命令，完成文本的粘贴录入。

2. 文档的选取

（1）选择连续文档

在需要选中文本的开始处，单击鼠标左键，滑动鼠标直至选择文档的最后，松开鼠标，完成连续文档的选择。

（2）选择不连续文档

在文档开始处点击鼠标左键再滑动鼠标，选择需要选择的文档，按住键盘上的“Ctrl”键，继续在需要选中的文本的开始处单击鼠标左键滑动至最后，重复该操作，即可完成对不连续文档的选择。

（3）从任意位置完成快速全选

将光标放在文档的任意位置，同时按住“Ctrl+A”键，即完成对文档内容的全部选择。

（4）从开始处快速完成全选

按住“Ctrl+Home”键将光标定位在文档的首部，再按“Ctrl+Shift+End”组合键完成对文档全部的选择。

3. 文本字体设置

（1）字体栏设置

选中需要设置字体的文本内容，在“开始”→“字体”选项组中单击“字体”下拉按钮，在下拉菜单中选择适合的字体，如“隶书”，系统会自动预览最终的显示效果。

（2）浮动窗口设置

选中需要设置字体的文本内容，将鼠标至于选择内容上，文本的上方弹出一个浮动的工具栏。单击“字体”下拉按钮，选择合适的字体格式，如选择“华文彩云”，系统自动预览字体的显示效果，如图 2-1 所示。

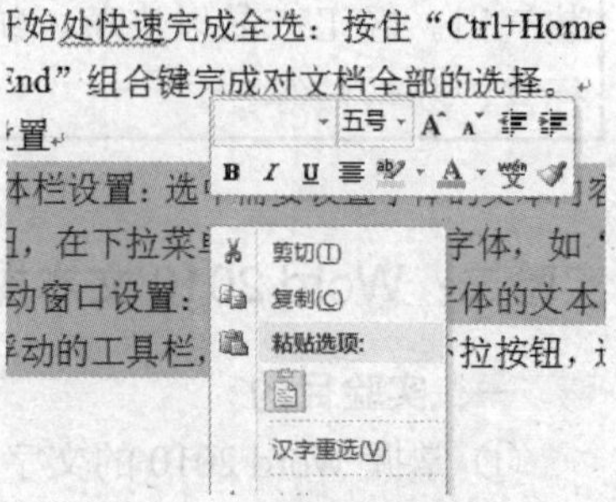

图 2-1　格式设置浮动窗口

4. 文本字号设置

（1）菜单栏设置

选中要设置的文本，在“开始”→“字体”选项组单击 “字号”下拉按钮，在下拉菜单中选择字号，如选择“小一”。或者在字号栏中输入 1～1638 磅之间的任意数字，按“Enter”键直接进行字号设置。

（2）字体框设置

选中要设置的文本，按下“Ctrl+Shift+P”组合键。或者在“开始”→“字体”选项组中单击快捷按钮（ ），打开“字体”对话框，此时 Word 会自动选中“字号”框内的字号值。用户可以直接键入字号值，也可以按键盘上的方向键“↑”键或“↓”键来选择字号列表中的字号，最后按“Enter”键或单击“确定”按钮可完成字号的设置。

5. 文本字形与颜色设置

（1）字形的设置

选中需要设置字形的文本内容，在“开始”→“字体”选项组中单击快捷按钮（ ），打开“字体”对话框，在“字形”列表框中单击上下选择按钮，选择一种合适字形，如选择“加粗”选项，完成设置后，单击“确定”按钮。另外还可以在字体栏（ B I U abc ）和浮动窗口直接进行设置。

（2）颜色的设置

① 选中需要设置颜色的文本内容，在“开始”→“字体”选项组单击快捷按钮（ ），打开“字体”对话框，在“所有文字”选项下的“字体颜色”中单击下拉按钮，选择合适的字体颜色，如“蓝色”，单击“确定”按钮后，完成字体颜色的设置。

② 选中需要设置颜色的文本内容，在“开始”→“字体”选项组中单击“字体颜色”按钮（ A ），打开下拉颜色菜单，选择合适的颜色如“蓝色”，即可设置字体颜色。

（3）特殊效果设置

选中需要设置特殊效果的文本内容，在“开始”→“字体”选项组单击快捷按钮（ ），打开“字体”对话框，在“效果”选项下勾选需要添加的效果复选框，如勾选“空心”复选框，完成设置后，单击“确定”按钮。

（4）着重号设置

选中需要设置着重号的文本内容，在“开始”→“字体”选项组单击快捷按钮（ ），打开“字体”对话框，在“字体”→“所有文字”→“着重号”中单击“.”即可。

（5）带圈字符设置

选中需要设置带圈的一个字符，在“开始”→“字体”选项组单击快捷按钮（ ），打开“带圈字符”对话框，选择相应“样式”和“圈号”即可。

（6）字符底纹设置

选中需要设置字符底纹的文本内容，在“开始”→“字体”选项组单击快捷按钮（ A ）即可。

（7）字符间距设置

选中需要设置字符间距的文本内容，在“开始”→“字体”选项组单击快捷按钮（ ），打开“字体”对话框，单击“高级”，对“字符间距”按需求进行设置即可。

（8）文本拼音设置

选中需要设置拼音的文本内容，在“开始”→“字体”选项组单击快捷按钮（ ）即可。

（9）首字下沉设置

选中需要设置拼音的文本内容，在“插入”→“文本”选项组，单击“首字下沉”→“首字下沉选项”进行相应参数设置即可。

6. 格式刷与清除格式的应用

（1）格式刷（ 格式刷 ）的应用

首先选中需要的已设置好格式的文本内容，在“开始”→“剪贴板”选项组单击快捷按钮（ 格式刷 ），然后选中需要设置同样格式的文本内容即可。

（2）清除格式（ ）

首先选中需要清除格式的文本内容，在“开始”→“字体”选项组单击快捷按钮（ ）即可。

7. 对齐方式设置

（1）通过快捷按钮快速设置

选中需要设置对齐方式的文本段落，在“开始”→“段落”选项组单击“居中”按钮，所选段落完成居中对齐设置。

（2）通过段落选项框设置

选中需要设置对齐方式的文本段落，在“开始”→“段落”选项组单击快捷按钮（ ），打开“段落”对话框，切换到“缩进和间距”选项下。在“常规”下的“对齐方式”选项中，单击下拉按钮，选择合适的对齐方式，如选择“居中”方式；单击“确定”按钮。

8. 段落缩进设置

（1）通过段落对话框设置

① 选中需要进行段落缩进的文本内容，在“开始”→“段落”选项组中单击快捷按钮 ，打开段落对话框，切换至“缩进和间距”选项。在“缩进”栏下，单击“特殊格式”下的下拉按钮，在下拉菜单中选择“首行缩进”选项，如图 2-2 所示。如果设置悬缩减，操作步骤如上，最后一步在下拉菜单中选择“悬挂缩进”选项即可。

② 完成设置后，单击“确定”按钮，所选段落完成首行缩进的设置，效果如图 2-3 所示。

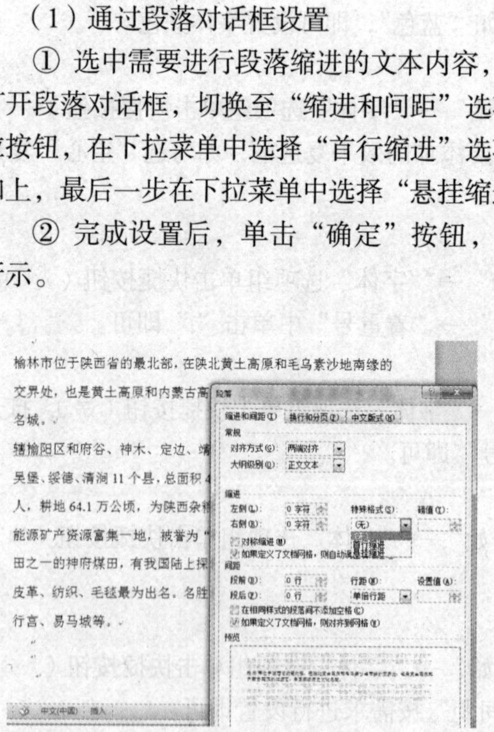

图 2-2 设置首行缩进

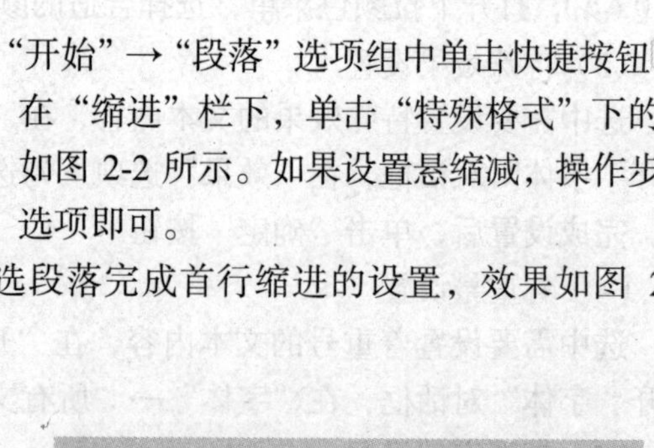

图 2-3 首行缩进效果

（2）通过标尺设置

将光标定位在需要进行段落缩进的开始处，拖动该标尺上的滑块（ ）至合适的缩进距离，如拖动水平标尺至 2 个字符处，完成首行缩进 2 个字符，松开鼠标即可。

9. 行间距设置

行间距指的是在文档中的相邻行之间的距离，通过调整行间距可以有效的改善版面效果，使文档达到预期的预览效果，具体的行间距设置方法如下：

（1）通过快捷按钮快速设置

选中需要设置行间距的文本，在“开始”→“段落”选项组单击“行和段落间距”按钮（ ），打开下拉菜单，在下拉菜单中选择适合的行间距，如“2.0”等选项。

（2）通过段落文本框设置

选中需要设置行间距的文本，在“开始”→“段落”选项组中单击快捷按钮 ，打开“段落”对话框，切换到“缩进和间距”选项下。在“间距”下的“行距”选项中，单击下拉按钮，选择合适的行距设置方式，如选择“2 倍行距”选项。

10. 项目符号与项目编号设置

选中需要设置项目符号或者编号的文本，在“开始”→“段落”选项组中单击快捷按钮（ ）中的下拉按钮，如图 2-4（a）所示，按需求设置即可。

11. 分栏设置

选中需要设置分栏的文本内容，在“页面布局”→“页面设置”选项组中单击分栏图标的下拉按钮，如图 2-4（b）所示，按需求设置分为几栏，如“两栏”、“三栏”等。如需更详细的参数设置，单击更多分栏，在弹出的“分栏”对话框中进行参数设置。

12. 背景设置

① 选中需要设置边框或底纹的文本内容，在“页面布局”→“页面背景”选项组中单击“页面边框”按钮，弹出“边框与底纹”对话框，可分别设置“边框”、“页面边框”、“底纹”相关参数。

② 选中需要设置页面颜色的内容，在“页面布局”→“页面背景”选项组中单击“页面颜色”的下拉按钮，可直接选择颜色进行设置或者单击“其他颜色”和“填充效果”进行参数选择设置。

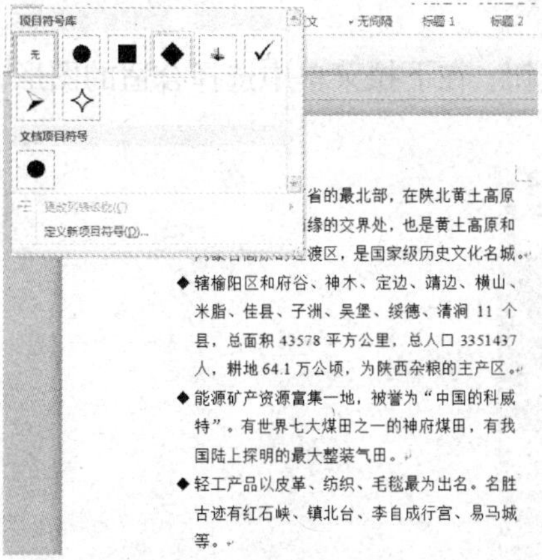

（a）设置项目符号

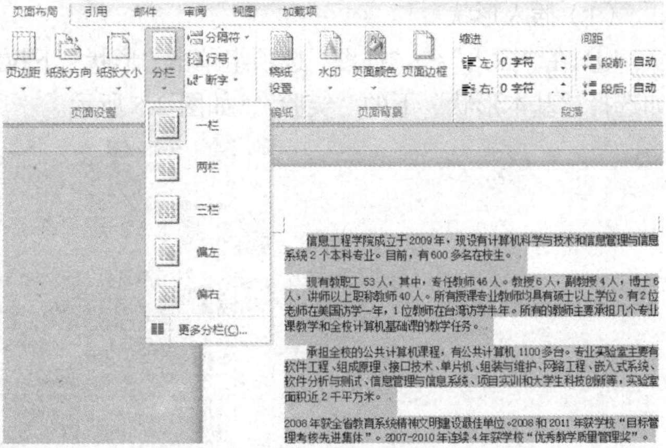

（b）分栏设置

图 2-4　项目符号与分栏设置

13. 查找与替换

直接按“F5”打开“查找与替换”对话框，可进行“查找”、“替换”和“定位”操作。其中替换操作时，根据需求可以单击“更多”进行“格式”和“特殊格式”的参数设置。

三、实训

1. 打开“第二章实验素材”中 word 文档“榆林市资源概况”进行设置。

① 将第一行内容居中，字体为“微软雅黑”，加粗，字体颜色为“橙色”。

② 第二段首行缩进两个字符。

③ 第三段悬挂缩进两个字符。

④ 将第四段分为两栏，间距为 6 个字符。并且字号为 26，字体为“隶书”。

⑤ 从“榆林市面积 43578 平方千米，人口 335 万人（2010 年）”到文档末尾，添加项目编号。

⑥ 将第四段底纹填充为“橙色”。

⑦ 将文中的所有“的”替换为“地”。

⑧ 将整个文档背景设置为预设中的“雨后初晴”。

⑨ 将整个文档的行距设置为 22 磅。

⑩ 对第十段“榆林市面积 43578 平方千米，人口 335 万人”加着重号。

2. 自由排版“第二章实验素材”中“古诗”，要求将首字下沉、拼音添加、段落缩进、分栏、字体字形颜色设置、边框底纹设置、行距对齐方式设置这些相关操作全部应用于该素材。

实验三：Word 2010 形状、图片与 SmartArt 的应用

一、实验目的

① 掌握 Word 文档中形状的应用。

② 掌握 Word 文档中图片的应用。

③ 掌握 Word 文档中 Smartart 的应用。

二、实验内容

1. 形状的应用

（1）插入形状

① 在“插入”→“插图”选项组单击“形状”下拉按钮，在下拉菜单中选择合适的图形，如选择“基本形状”下的“笑脸”，如图 2-5 所示。

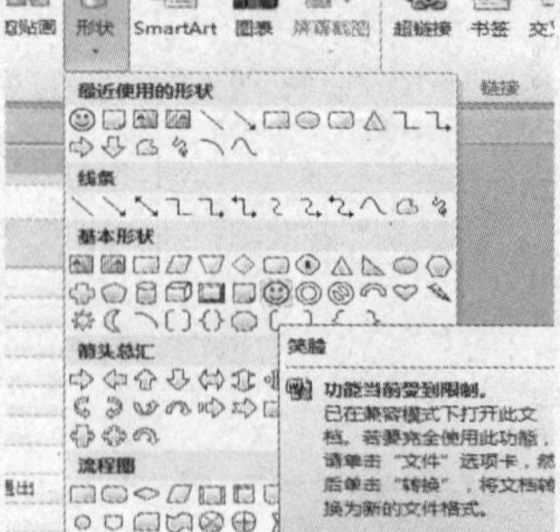

图 2-5　插入形状图

② 拖动鼠标画出合适的形状大小，完成形状的插入。

（2）调整形状位置与大小

① 将光标定位在形状的控制点上，此时光标成十字形，按住鼠标左键进行缩放。

② 选中形状，将光标定位在形状上。按住鼠标左键，此时光标成米字形，拖动鼠标进行随意的位置调整，直到合适位置时。

（3）设置形状样式与效果

在“绘图工具”→“格式”→“形状样式”选项组中单击“形状样式”下拉按钮，在下拉菜单中选择适合的样式，如选择“彩色填充，白色轮廓，强调文字颜色 3”。插入的形状会自动完成添加外观样式的设置，达到美化效果如图 2-6 所示。

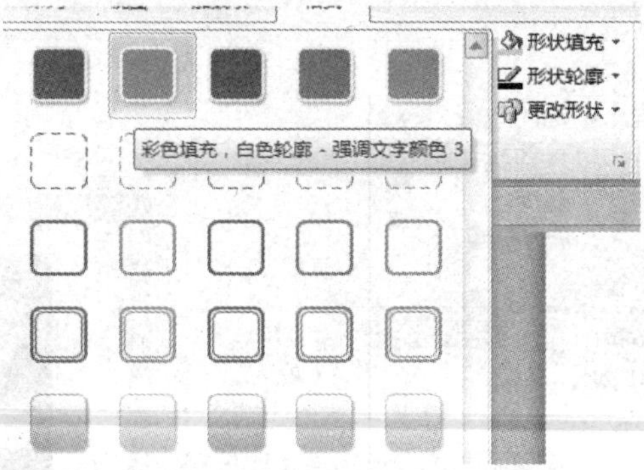

图 2-6　设置形状样式

（4）设置形状的阴影效果

在“绘图工具”→“格式”→“阴影效果”选项组中单击“阴影效果”下拉按钮，在下拉菜单中选择适合的样式，如选择“阴影样式 1”，形状会自动完成添加阴影效果。单击“阴影颜色”，可自动设置阴影颜色，如图 2-7 所示。

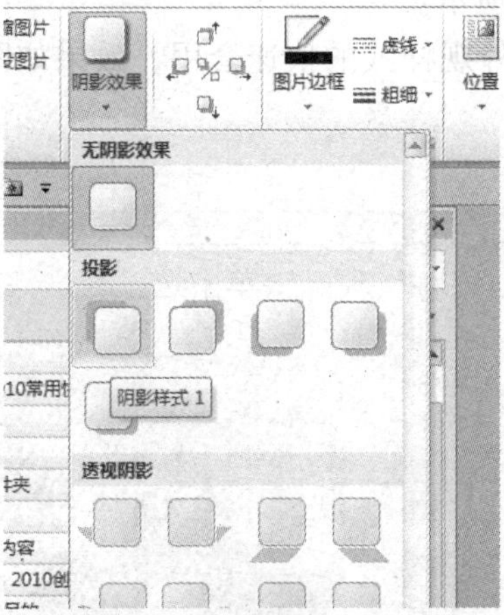

图 2-7　形状阴影设置图

图 2-8　形状添加文字

（5）在形状的添加文字

在“绘图工具”→“格式”→“插入形状” →“基本形状”→“笑脸”选项组中单击“添加文字”，出现光标即可输入文字，如图 2-8 所示。

2. 图片的应用

（1）插入电脑中的图片

① 将光标定位在需要插入图片的位置，在“插入”→“插图”选项组中单击“图片”按钮，如图 2-9 所示。

② 打开“插入图片”对话框，选择图片位置再选择插入的图片，单击“插入”按钮。

③ 单击“确定”按钮，即可插入电脑中的图片。

（2）设置图片大小调整

① 插入图片后，在“图片工具格式”→“大小”选项组中的“高度”与“宽度”文本框中手动输入需要调整图片的宽度和高度，如输入高度为“5.14 厘米”，宽度为“8 厘米”，如图 2-10 所示。

图 2-9　选择“图片”按钮

图 2-10　设置图片大小

② 设置了图片的高度和宽度后，图片自动完成固定值的调整。

（3）设置图片格式

① 在“图片工具”→“格式”→“图片样式”选项组中单击按钮，在下拉菜单中选择一种合适的样式，如“旋转，白色”样式，如图 2-11 所示。

② 单击该样式即可将效果应用到图片中，完成外观样式的快速套用，效果如图 2-12 所示。

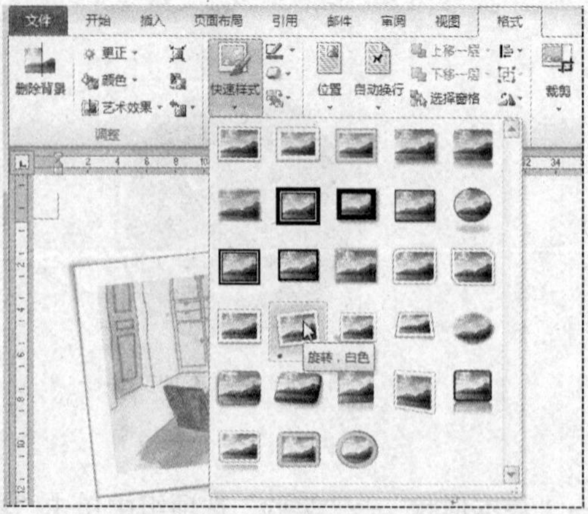

图 2-11　选择样式

图 2-12　应用图片样式

（4）设置图片效果

① 选中图片，在“图片工具”→“格式”选项卡→“图片样式”选项组中单击“图片效果”下拉按钮，在下拉菜单中选择“发光（G）”选项，弹出的发光的选项列表中选择合适的样式，如图 2-13 所示。

② 单击该样式即可应用于所选图片，完成图片特效的快速设置，效果如图 2-14 所示。

（5）图片艺术效果、图片边框、图片效果和图片位置

选中图片，单击“图片工具”→“格式”选项卡可在相应的选项组进行图片艺术效果、图片边框、图片效果和图片位置的设置。亦可单击鼠标右键，单击“设置图片格式”菜单，在弹出“设置图片格式”对话框进行相应设置。

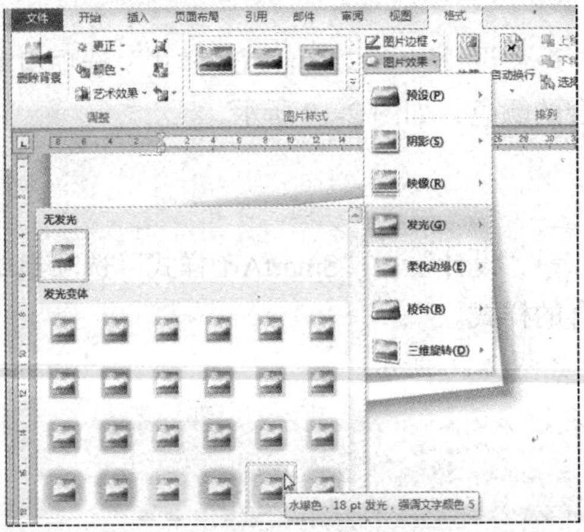

图 2-13　选择发光效果

图 2-14　应用效果

3. SmartArt 图形的应用

Word 2010 中的 SmartArt 图形中，新增了图形图片布局，可以在图片布局图表的 SmartArt 图形中插入图片，填写文字及建立组织结构图等。

（1）插入图形

① 在“插入”→“插图”选项组中单击“SmartArt”图形按钮，如图 2-15 所示。

② 打开“选择 SmartArt 图形对话框，选择适合的图形样式，如图 2-16 所示。

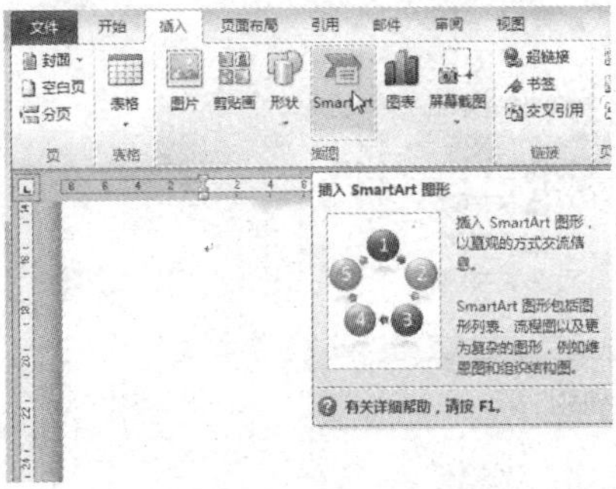

图 2-15　单击 SmaerArt 按钮

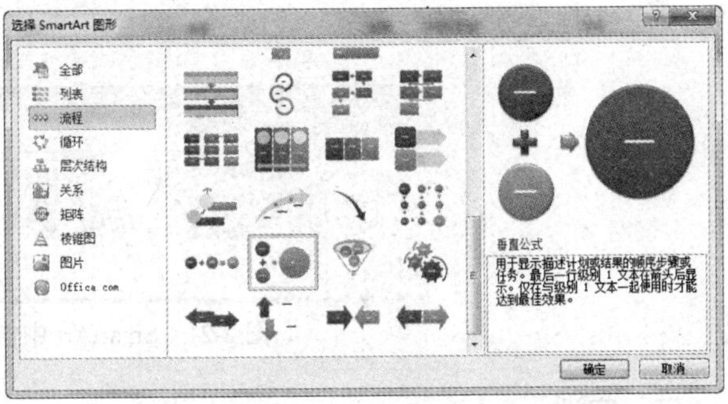

图 2-16　选择图形

③ 单击“确定”按钮，即可插入 SmartArt 图形，如图 2-17 所示。

④在图形的“文本”位置输入文字，即可为图形添加文字吗，如图 2-18 所示。

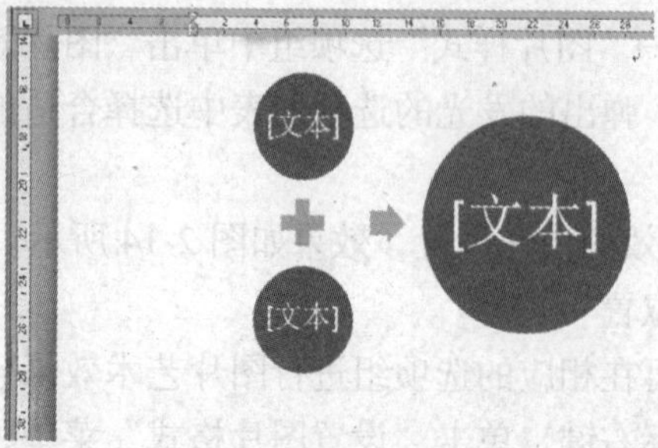

图 2-17　添加图形

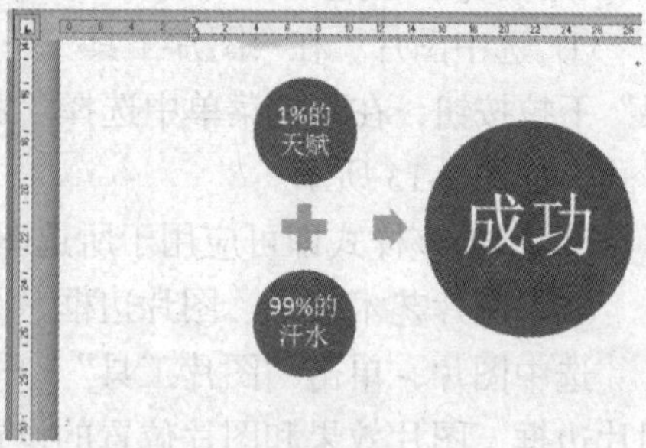

图 2-18　在图形中添加文字

（2）设更改 SmartArt 图形颜色

① 选中 SmartArt 图形，在“SmartArt 工具”→“设计”→“SmartArt 样式”选项组单击“更改颜色”下拉按钮，在下拉菜单中选择适合的颜色，如图 2-19 所示。

② 系统会为 SmartArt 图形应用指定的颜色。

（3）设更改 SmartArt 图形样式

① 选中 SmartArt 图形，在“SmartArt 工具”→“设计”→“SmartArt 样式”选项组单击“更改颜色”下拉按钮，在下拉菜单中选择适合的样式。

② 系统会为 SmartArt 图形应用指定的样式，如图 2-20 所示。

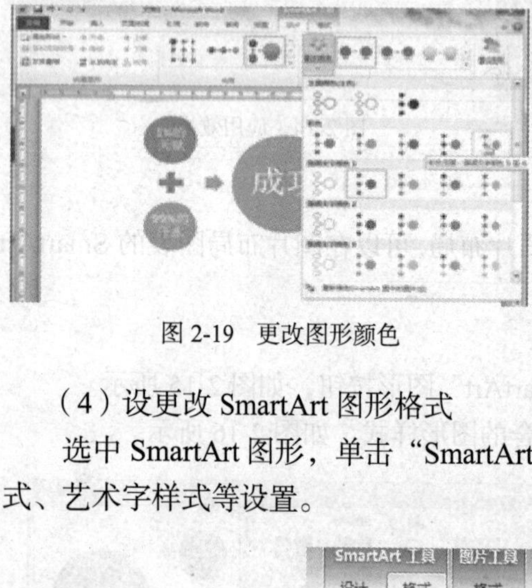

图 2-19　更改图形颜色

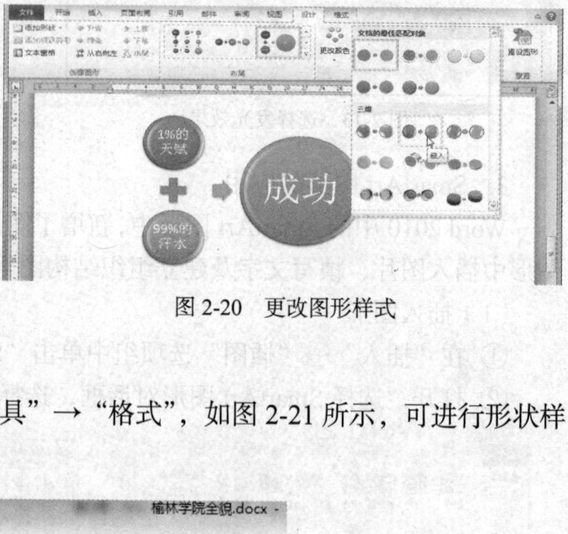

图 2-20　更改图形样式

（4）设更改 SmartArt 图形格式

选中 SmartArt 图形，单击“SmartArt 工具”→“格式”，如图 2-21 所示，可进行形状样式、艺术字样式等设置。

图 2-21　SmartArt 中格式选项组

三、实训

1. 利用形状的插入制作如图 2-22 所示的笑脸红旗，调整高和宽到合适比例，最后将所有形状组合在一起，保存为“笑脸红旗.docx”。

2. 将“第二章实验素材”中的“榆林学院全貌.jpg”插入到“榆林学院全貌.docx”中，

图片高度为 10cm,宽度为 15cm,图片样式选择“剪裁对角线，白色”样式，图片边框的主题颜色为“茶色，背景 2”，艺术效果设置为“水彩海绵”，图片效果为“蓝色，5pt 发光，强调文字颜色 1”，效果图如图 2-23 所示。

3. 在“榆林学院全貌.docx”中插入 SmartArt 布局为“圆形图片标注”结构图，将“第二章实验素材”中的“榆林学院全貌.jpg”、“榆林学院全貌 1.jpg”、“榆林学院全貌 2.jpg”和“榆林学院全貌 3.jpg”分别位于先中间，再从上到下。将主题颜色设置为“彩色轮廓，强调颜色 3”，三维效果为“优雅”。为三个小图片分别添加文本“沁园”、“操场”和“实验楼”，文本效果为“发光”→“发光变体”的第二行第五列，最终效果如图 2-24 所示。

图 2-22 笑脸红旗的制作样图

图 2-23 榆林学院图片处理

图 2-24 SmartArt 应用效果图

实验四：Word 2010 表格、图表和公式应用

一、实验目的

① 掌握 Word 文档中表格的应用。

② 掌握 Word 文档中图表的应用。

③ 掌握 Word 文档中公式的应用。

二、实验内容

1. 表格的操作技巧

（1）插入表格

① 在“插入”→“表格”选项组中单击“插入表格”下拉按钮，在下拉菜单中拖动鼠标选择一个 5 × 5 的表格，如图 2-25 所示。

② 即可在文档中插入一个 5 × 5 的表格，如图 2-26 所示。

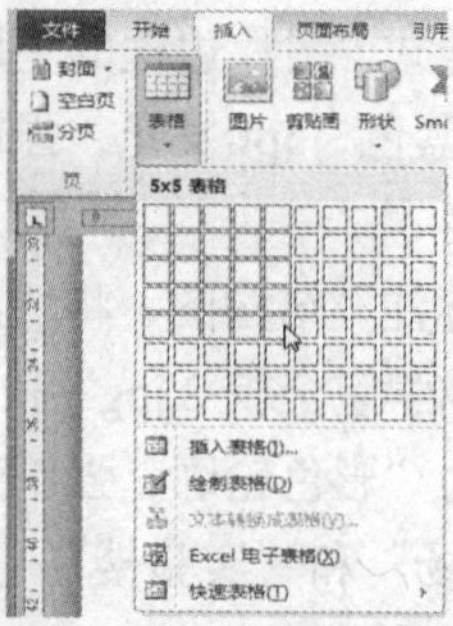

图 2-25 选择表格行列数

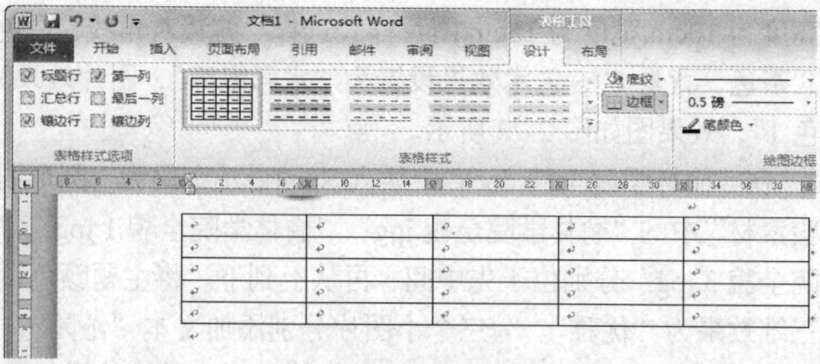

图 2-26 插入表格

（2）文本与表格相互转化

①将文本中需要用单元格分割内容末尾的其他标点符号统一更改为一种符号标识，如空格或逗号等，选中文本在 “插入”→“表格”选项组中单击“表格”下拉按钮，在下拉菜单中选择“文本转换为表格”命令，弹出“将表格转化为文本”对话框，如图 2-27 所示。

②在“将文字转换成表格”对话框中，可对表格尺寸、自动调整和文字分隔位置进行设置。单击“确定”按钮，即可将所选文字转换成表格内容。

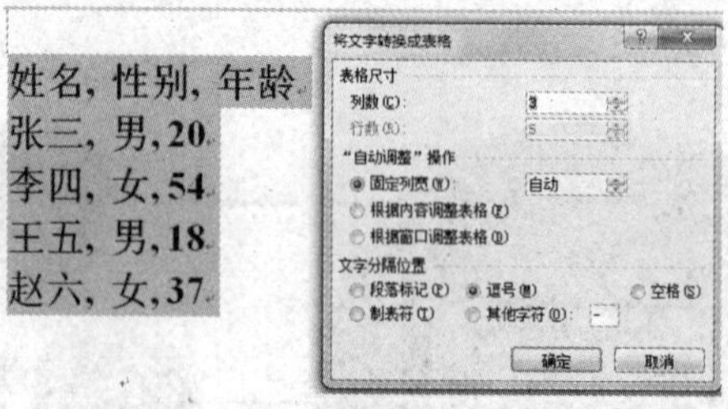

图 2-27 “将文本转换为表格”对话框

③ 表格转换为文本，首先选中表格，然后单击“表格工具”→“布局”→“数据”→“转化为文本”，弹出“表格转化为文本”对话框，设置相应选项单击确定，即可将表格转化为文本，如图 2-28 所示。

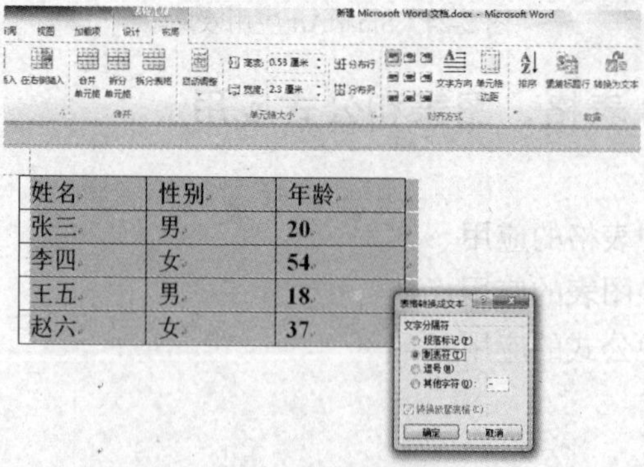

图 2-28 “将文本转换为表格”对话框

（3）套用表格样式

① 单击表格任意位置，在“表格工具”→“设计”→“表格样式”选项组单击 按钮，在下拉菜单中选择要套样的表格样式，如图 2-29 所示。

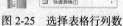

② 选择套用的表格样式后，系统自动为表格应用选中的样式格式。

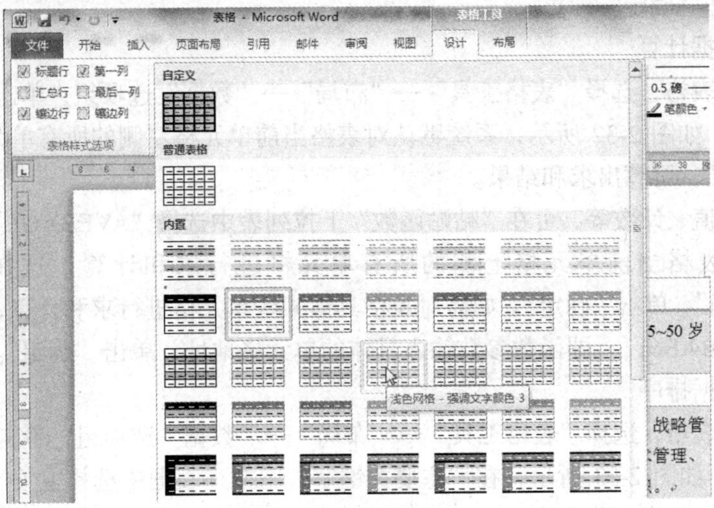

图 2-29　选择套用的样式

（4）合并和拆分单元格

单击表格任意位置，在“表格工具”→“布局”→“合并”选项组单击按需求进行单元格的合并和拆分。

（5）单元格的删除和插入

单击表格任意位置，在“表格工具”→“布局”→“行和列”选项组单击按需求进行单元格的删除和插入。

（6）单元格的行高列宽设置

单击表格任意位置，在“表格工具”→“布局”→“单元格大小”选项组单击按需求进行单元格大小设置。

（7）设置表格边框和底纹

① 选中文档中表格，选择“表格工具”→“设计”→“绘图边框”选项组中单击快捷按钮（ ），打开“边框与底纹”对话框，选择“边框”，如图 2-30 所示，选择相应的“样式”、“颜色”和“宽度”，然后在预览框中单击具体的边，单击“确定”即可。

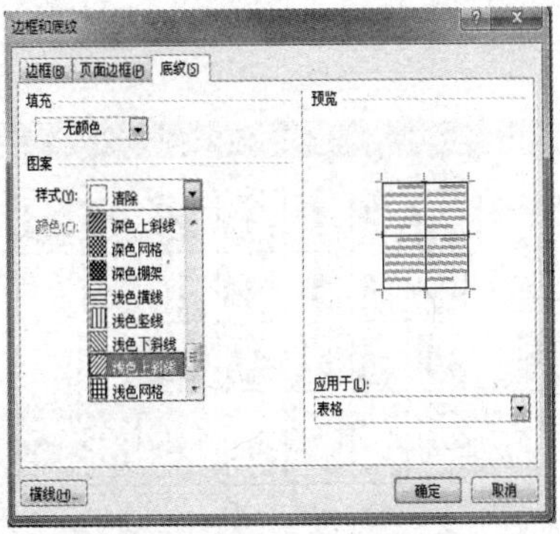

图 2-30　边框设置

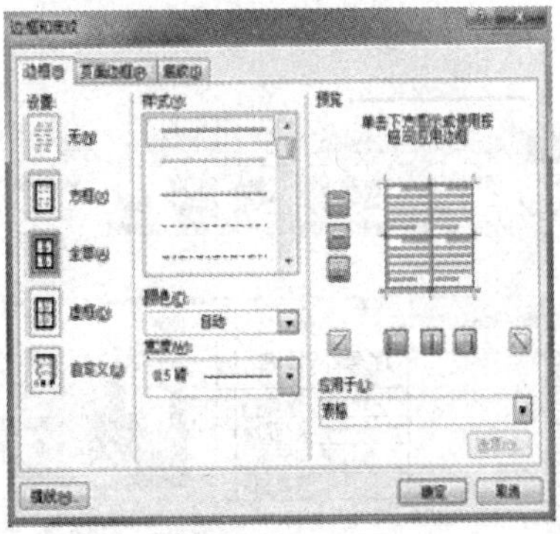

图 2-31　底纹设置

② 选中文档中表格，选择“表格工具”→“设计”→“绘图边框”选项组中单击快捷按

钮（ ），打开“边框与底纹”对话框，选择“底纹”，如图 2-31 所示，选择相应的“样式”和“填充”，单击“确定”即可。

（8）表格数据计算

选中文档中表格，选择“表格工具”→“布局”→“数据”选项组，单击“公式”，打开“公式”对话框，如图 2-32 所示，系统默认对表格当前单元格左侧的所有单元格进行求和计算，单击“确定”，可算出求和结果。

如需求平均值、计数等，可在“粘贴函数”下拉列表中选择“AVERAGE”和“COUNT”函数，如需对表格当前单元格上侧的所有单元格进行求和计算，这在公式内输入：“=SUM(ABOVE)” 单击“确定”。如需对表格具体某些单元格进行求和计算，这在公式内输入：“=SUM(B2,B4,B6)” ,即函数参数输入具体的单元格地址，单击“确定”。

（9）表格数据排序

选中文档中表格，选择“表格工具”→“布局”→“数据”选项组，单击“排序”，打开“排序”对话框，如图 2-33 所示，在“主要关键字”下拉列表框中选择主关键字、类型、使用及升序、降序，单击“确定”。

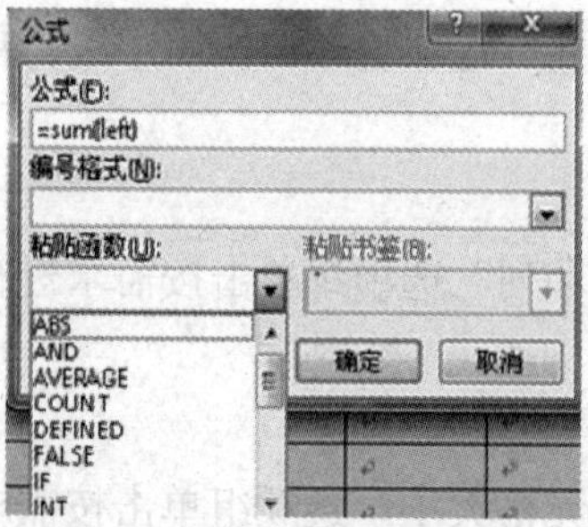

图 2-32　公式对话框

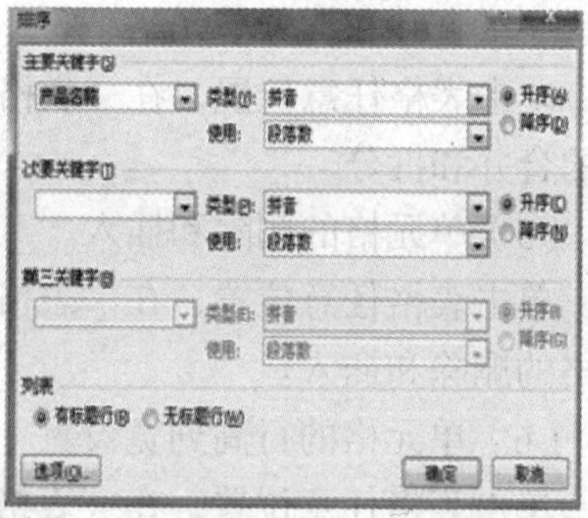

图 2-33　排序对话框

2. 图表的操作技巧

（1）插入图表

① 在“插入”→“图表”选项组中单击“图表”按钮，如图 2-34 所示。

② 打开“插入图表”对话框，在左侧单击“柱形图”，在右侧选择一种图表类型，如图 2-35 所示。

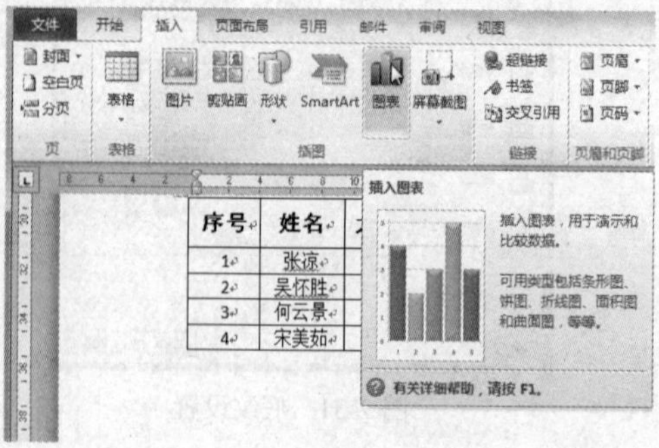

图 2-34　单击择“图表”按钮

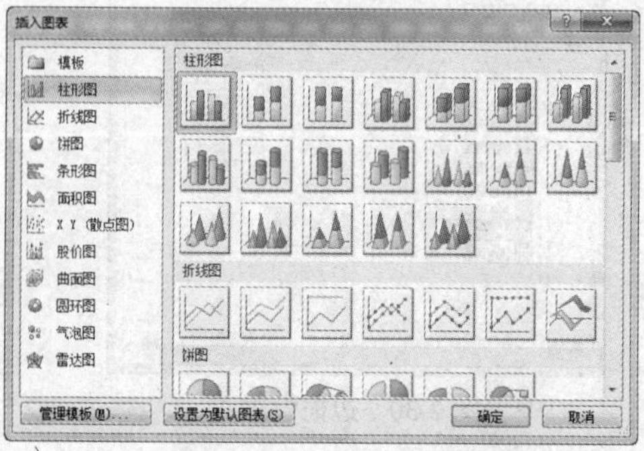

图 2-35　选择图表样式

③ 此时系统会弹出 Excel 表格，并在表格中显示了默认的数据，如图 2-36 所示。

④ 将需要创建表格的 Excel 数据复制到默认工作表中，如图 2-37 所示。

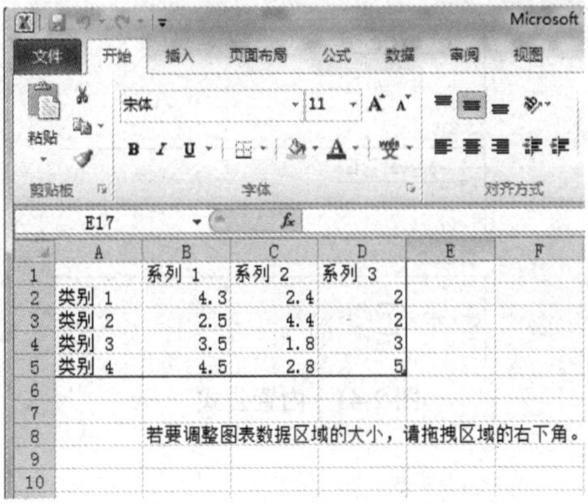

图 2-36 系统默认数据源

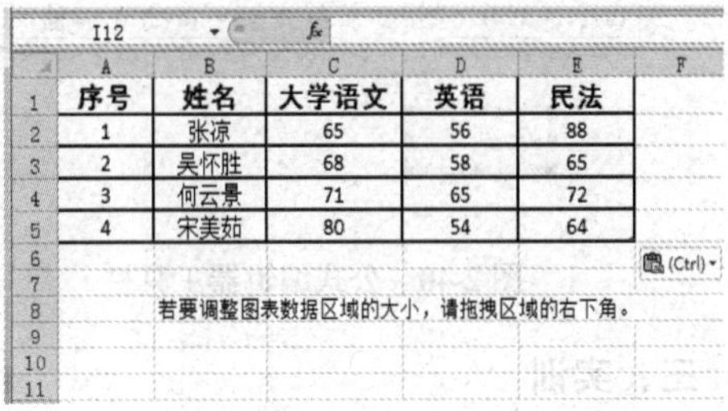

图 2-37 更改数据源

⑤ 系统自动根据插入的数据源创建柱形图。

（2）行列互换

在“图表工具”→“设计”→“数据”选项组中单击“切换行/列”按钮，如图 2-38 所示，即可更改图表数据源的行列表达。

（3）添加标题

在“图表工具”→“布局”→“标签”选项组中单击“图表标题”下拉按钮，在下拉菜单中选择“图表上方”命令，如图 2-39 所示。此时系统会在图表上方添加一个文本框，在文本框中输入图表标题即可。

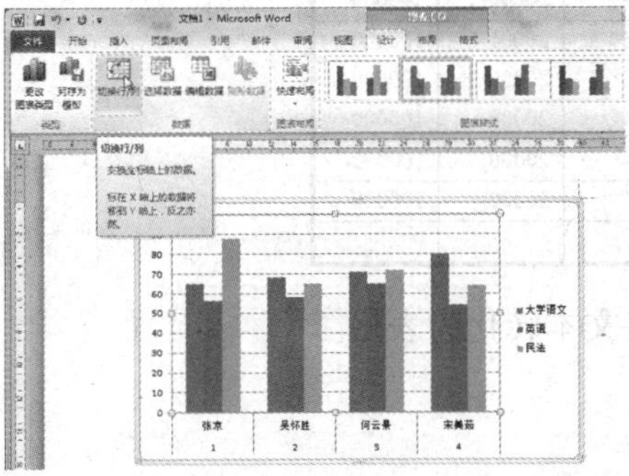

图 2-38 单击“切换行/列”按钮

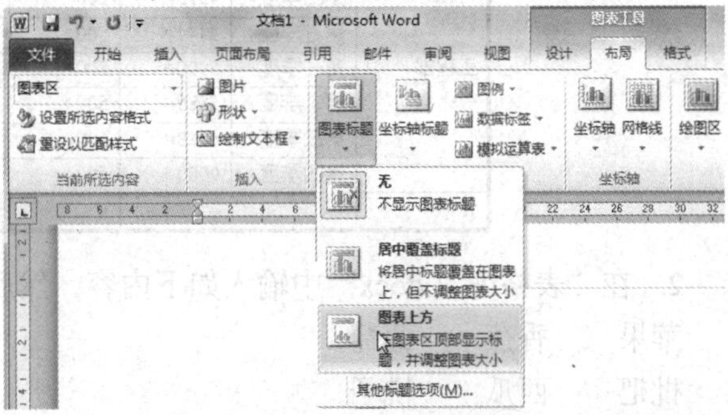

图 2-39 选择图表样式

3. 公式的插入与编辑

① 在“插入”→“文本”单击“对象”选项组的下拉按钮，单击“对象”→“新建”，在“对象类型”下拉列表中选择“Microsoft 公式 3.0”，单击“确定”弹出“公式编辑器工具栏”，如图 2-40 所示。在公式编辑器工具栏中选择需要的格式进行公式编辑即可。

② 在“插入”→“符号”单击“公式”选项组的下拉按钮，弹出如图 2-41 所示的内置公式。选中相似公式，单击“公式工具”→“设计”，可在“工具”、“符号”和“结构”选项组中进行相应的插入修改。

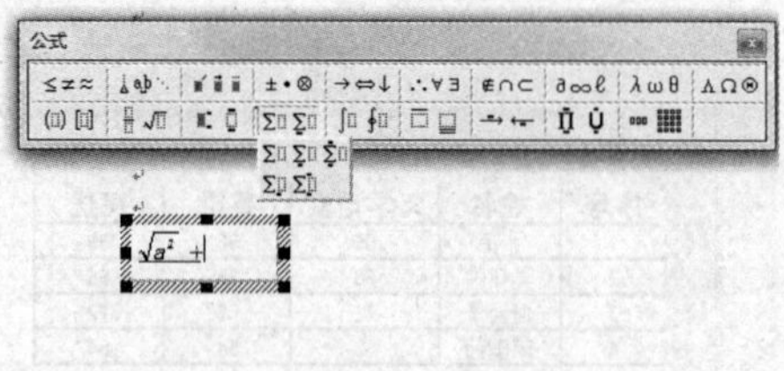

图 2-40　公式编辑器工具栏

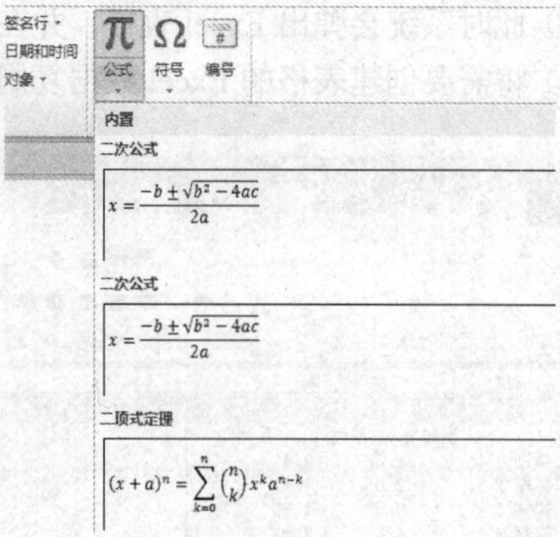

图 2-41　内置公式

三、实训

1. 新建一个 Word 文档，命名为“新星科技公司 2013 年度费用表.docx”，请制作如下表格。第一行文字字体为小二、微软雅黑，第二行为小五、宋体，表格全部文字字号为五号，宋体表格外边框为 2 磅和内边框均为 0.75 磅。利用公式求出交通费、通讯费、水电费、房屋合租和生活福利总和，最后将所有花费总额计算出存放在“合并”单元格后单元格内，保存。

新星科技公司 2013 年度费用表

制表时间：2013 年 12 月 28 日

项目 / 部门		交通费	通讯费	水电气费	房屋租金	生活福利
0 设计部	第一季度	2345	500	2000	20000	100000
	第二季度	1234	500	1999	20000	100000
	第三季度	2333	500	2999	20000	100000
	第四季度	4555	500	2888	20000	100000
	第五季度	2444	500	2666	20000	100000
工程部	第一季度	5999	500	1777	20000	100000
	第二季度	7888	500	2333	20000	100000
	第三季度	6888	500	1897	20000	100000
	第四季度	9000	500	1987	20000	100000
合计						

2. 在“表格练习.docx”中输入如下内容，然后将文本转化为表格。

苹果　　香蕉　　葡萄

枇杷　　西瓜　　桃子

香瓜　　李子　　柚子

3. 在“表格练习.docx”中输入公式：$f(x)=a_0=+\sum(a_n\cos\frac{n\pi x}{2}+b_n\sin\frac{n\pi x}{2})$

实验五：Word 2010 图文混排

一、实验目的

① 掌握插入艺术字和文本框的方法。

② 掌握插入日期和时间的方法。

③ 掌握如何插入符号的。

④ 掌握如何插入超链接。

⑤ 掌握图文混排。

二、实验内容

1. 插入艺术字

① 在“插入”→“文本”选项组中单击“艺术字样式”下拉按钮，弹出如图 2-42 所示下拉列表，移动鼠标选中需要样式，单击左键，文档中出现“请在此放置您的文字”提示框，然后输入艺术字内容。

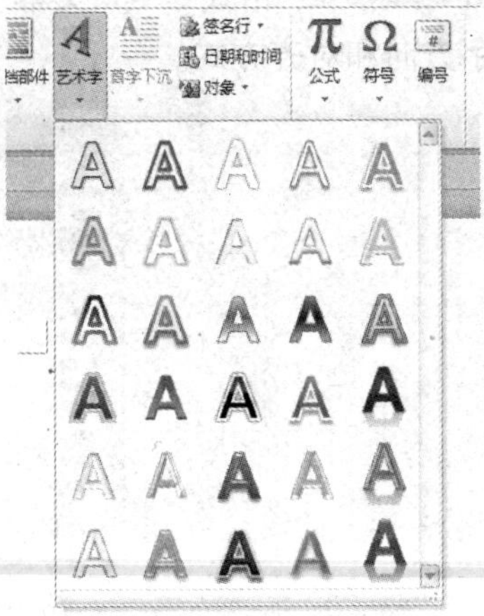

图 2-42　艺术字样式设置

② 选中艺术字内容，单击“绘图工具”→“格式”→“艺术字样式”选项组中单击“文本效果”下拉按钮，可进行“阴影”、“映像”、“发光”、“棱台”、“三维旋转”和“转换”等效果设置，其中艺术字形状在“转换”中进行设置如图 2-43 所示。

③ 选中艺术字内容，单击“绘图工具”→“格式”→“艺术字样式”选项组中单击“文本填充”和“文本轮廓”可对艺术字颜色和轮廓填充颜色。

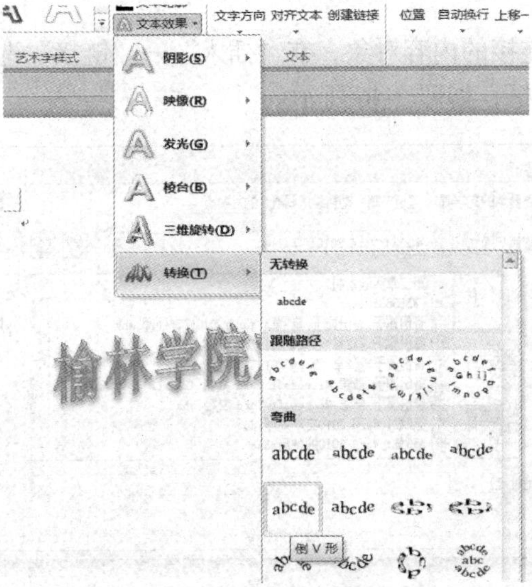

图 2-43　艺术字文字效果设置

2. 插入文本框

① 在“插入”→“文本”选项组中单击“文本框”下拉按钮，弹出如图 2-44 所示下拉列表，单击选中样式，在文档中出现文本框样式，输入内容即可。

② 选中文本框，单击“开始”→“字体”和“段落”等选项组可对文本框内的文字进行设置。

③ 选中文本框，单击右键，打开“设置形状格式”，弹出“设置形状格式”对话框，如图 2-45 所示，可对文本框进行填充颜色、线条颜色设置、阴影设置等设置。

④ 选中文本框，单击“绘图工具”→“格式”→“文本”选项组中单击“文本方向”和“对齐方式”可设置文本框内文字方向和对齐方式。

图 2-44 文本框内置样式图

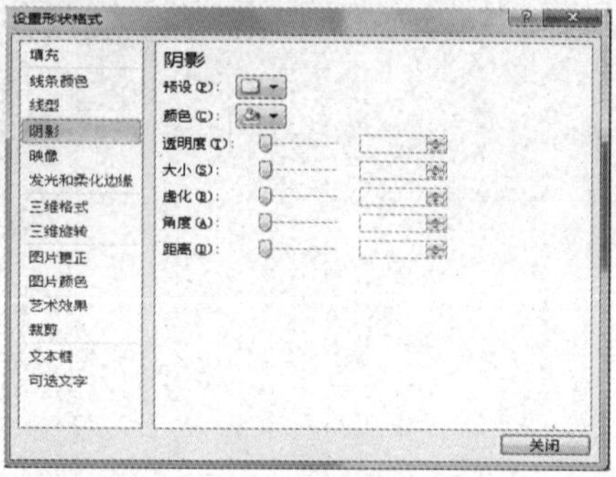

图 2-45 文本框设置形状对话框

3. 插入符合

在“插入”→“符号”选项组中单击“符号”下拉按钮，在下拉菜单中单击“其他符合”弹出“符号对话框”，在“符号”和“特殊符号”选项组中选择符号，单击“插入”即可。

4. 插入日期和时间

在“插入”→“文本”选项组中单击“日期和时间”，弹出“日期和时间”对话框，选择格式和语言，单击确定。

5. 插入超链接

① 选中需要建立超连接的内容对象，在“插入”→“链接”选项组中单击“超链接”，弹出“插入超链接”对话框，如图 2-46 所示。

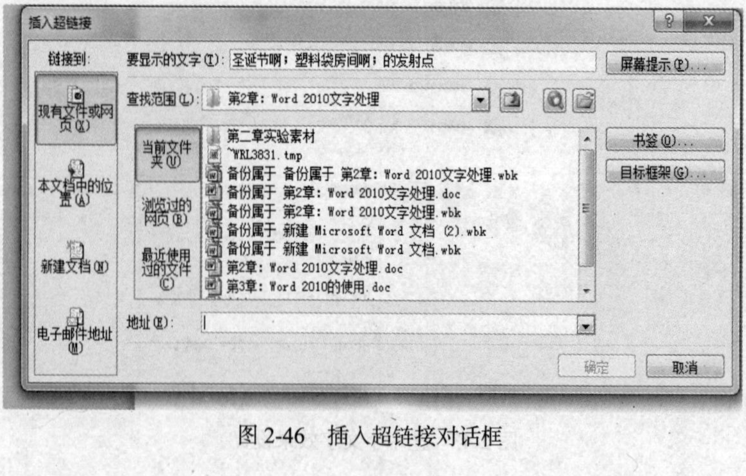

图 2-46 插入超链接对话框

② 判断需插入超链接文件的位置选择范围，查找文件，选中文件，单击“确定”即可完成超链接的插入。

6. 图文混排

（1）图片版式

① 选中图片，单击“图片工具”→“格式”，单击“大小”选项组中的（ ）按钮，弹出“布局”对话框，单击“文字环绕”，可选择不同的环绕方式，如图 2-47 所示。

② 选中图片，单击“图片工具”→“格式”，单击“排列”选项组中的“自动换行”下拉按钮，可选择不同的环绕方式。

（2）图片位置

选中图片，单击“图片工具”→“格式”，单击“排列”选项组中的“位置”下拉按钮，出现如图 2-48 所示下拉列表，可选择不同的位置。

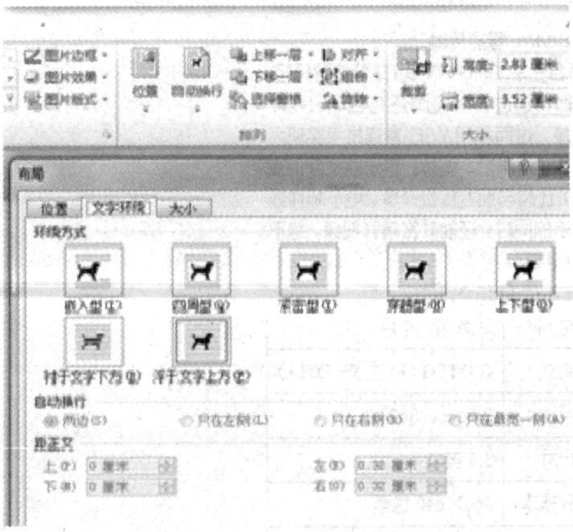

图 2-47　文字环绕方式

图 2-48　图片在文本中的位置

（3）大小设置

选中图片，单击“图片工具”→“格式”，单击“大小”，直接设置高度和宽度。

三、实训

制作一个产品说明书，实验素材在“第二章实验素材”的“图文混排”中，要求将产品说明书排版在“图文混排.docx”的第二页，效果图如图 2-49 所示。可参考该图排版，颜色、大小、位置、效果等自由设置，具体必须有以下操作：

① 制作艺术字标题，插入艺术字，移动艺术字位置，自由设置艺术字效果。

② 使用文本框制作宣传标语，插入文本框，调整文本框大小，设置文本框格式，填充颜色，改变文本框的文字方向。

③ 将文字分栏。

④ 插入宣传图片，插入图片，调整图片的大小，设置图片效果。

⑤ 设置图片格式，精确缩放图片大小，设置图片的环绕方式。

⑥ 自绘图形，绘制笑脸形状，添加云形标注，改变自绘图形的线型，设置线条颜色和填充效果。

⑦ 自绘图形的特殊效果，添加阴影和三维效果，特殊填充效果。

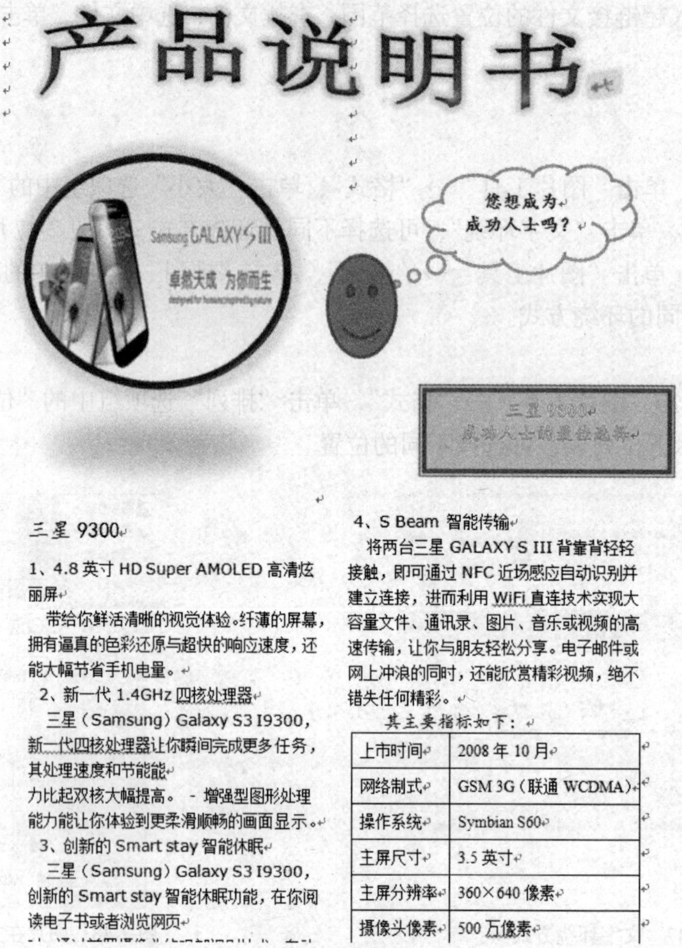
产品说明书

三星 9300

1、4.8 英寸 HD Super AMOLED 高清炫丽屏

带给你鲜活清晰的视觉体验。纤薄的屏幕，拥有逼真的色彩还原与超快的响应速度，还能大幅节省手机电量。

2、新一代 1.4GHz 四核处理器

三星（Samsung）Galaxy S3 I9300，新一代四核处理器让你瞬间完成更多任务，其处理速度和节能能

力比起双核大幅提高。 - 增强型图形处理能力能让你体验到更柔滑顺畅的画面显示。

3、创新的 Smart stay 智能休眠

三星（Samsung）Galaxy S3 I9300，创新的 Smart stay 智能休眠功能，在你阅读电子书或者浏览网页

4、S Beam 智能传输

将两台三星 GALAXY S III 背靠背轻轻接触，即可通过 NFC 近场感应自动识别并建立连接，进而利用 WiFi 直连技术实现大容量文件、通讯录、图片、音乐或视频的高速传输，让你与朋友轻松分享。电子邮件或网上冲浪的同时，还能欣赏精彩视频，绝不错失任何精彩。

其主要指标如下：

上市时间	2008 年 10 月
网络制式	GSM 3G（联通 WCDMA）
操作系统	Symbian S60
主屏尺寸	3.5 英寸
主屏分辨率	360×640 像素
摄像头像素	500 万像素

图 2-49　图文混排实例

实验六：Word 2010 页眉页脚设置和页面布局

一、实验目的

① 掌握页眉、页脚和页码的插入。

② 掌握页边距的设置。

③ 掌握纸张方向、大小的设置和添加水印。

二、实验内容

1．插入页眉

① 在“插入”→“页眉和页脚”选项组单击“页眉”下拉按钮，在下拉菜单中选择喜欢的页眉样式，如图 2-50 所示。

② 在插入文档的页眉样式里，单击页眉样式提供的文本框，编辑内容，完成页眉的快速插入，如图 2-51 所示。

2．插入页脚

① 在“页眉和页脚工具”“导航”选项组单击“转至页脚”按钮。

② 切换到页码区域，在页码区域中输入文字。

图 2-50 插入页眉

图 2-51 输入页眉

3. 插入页码

① 在“页眉页脚工具”→“页眉和页脚”选项组单击“页码”下拉按钮，在下拉菜单中选择“页面底端”命令，在弹出的菜单中选择合适的页码插入形式，如选择“普通数字 2”命令，如图 2-52 所示。

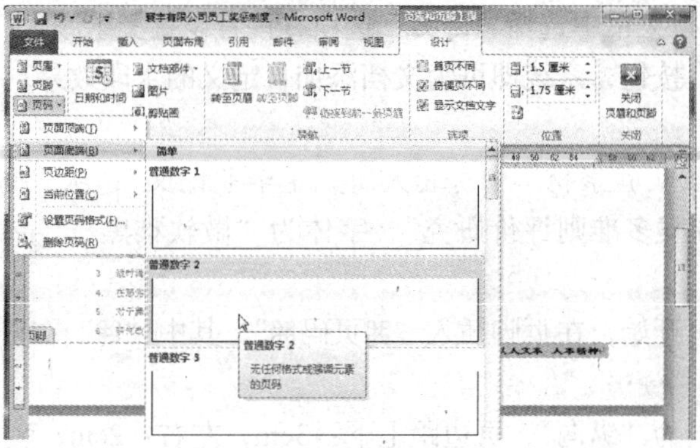

图 2-52 插入页码

② 设置完成后，在“页眉页脚工具”→“关闭”选项组单击“关闭页眉页脚”按钮，即可完成设置，效果如图 2-53 所示。

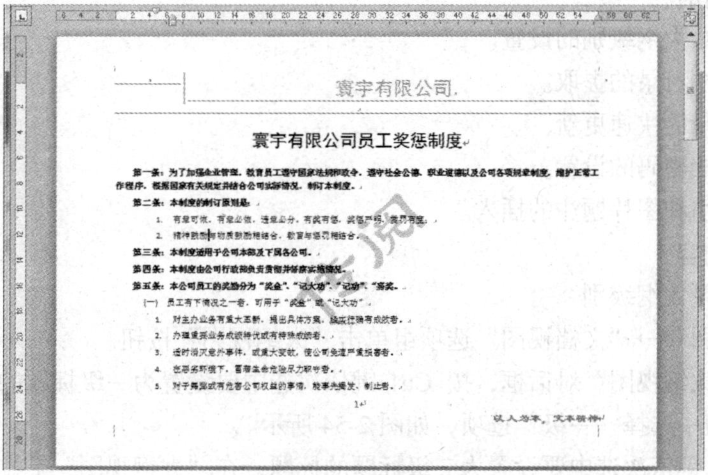

图 2-53 插入后效果

4. 更改页边距

单击“页面布局”→“页面设置”选项组单击“页边距”下拉按钮，在下拉菜单中提供了五种具体的页面设置，分别为“普通”、“窄”、“适中”、“宽”、“上次的自定义设置”选项，用户可根据需要选择页边距样式。

5. 更改纸张方向

在“页面布局”→“页面设置”选项组中单击“纸张方向”下拉按钮，打开下拉菜单，默认情况下为纵向的纸张，单击“横向”选项，文档的纸张方向更改为横向。

6. 更改纸张大小

在“页面布局”→“页面设置”选项组单击快捷按钮（），打开“页面设置”对话框，单击“纸张大小”下拉按钮，在下拉菜单中选择，单击“确定”按钮，即可完成设置。

7. 为文档添加文字水印

① 在“页面布局”→“页面背景”选项组中单击“水印”下拉按钮，在下拉菜单中选择“自定义水印”命令。

② 打开“自定义水印”对话框，选中“文字水印”单选按钮，接着单击“文字”右侧文本框下拉按钮，在下拉菜单中选择“传阅”选项，接着设置文字颜色。

③ 单击“确定”按钮，系统即可为文档添加自定义的水印效果。

三、实训

1. 打开“第二章实验素材”中“北大研究生毕业论文”，从“摘要”页开始在页眉插入“西天取经打怪方案多准则评价研究”，字体为“微软雅黑”，字号为“小四”，颜色为“深蓝”。

2. 从“目录”页开始，在页脚插入“⌘页码⌘”，其中“⌘”在符号（Wingdings ）中，页码格式为“1”、“2”……

3. 设置纸张方向为“纵向”，页边距上下：3cm，左右：2cm，装订线：1cm。

4. 背景色为“橙色，淡色60%”，设置水印“机密1”。

实验七：Word 2010 目录和文档密码保护

一、实验目的

① 掌握目录大纲级别的设置。

② 掌握文档目录的提取。

③ 掌握目录的快速更新。

④ 掌握文档密码的设置。

⑤ 了解索引和图片题注的插入。

二、实验内容

1. 设置目录大纲级别

① 在“视图”→“文档视图”选项组单击“大纲视图”按钮。

② 打开“大纲视图”对话框，按 Ctrl 键依次选中要设置为一级标题的标题，在“大纲视图”下拉按钮中选择“一级”选项，如图 2-54 所示。

③ 按 Ctrl 键依次选中要设置为二级标题的标题，在“大纲视图”下拉按钮中选择“二级”选项，如图 2-55 所示。

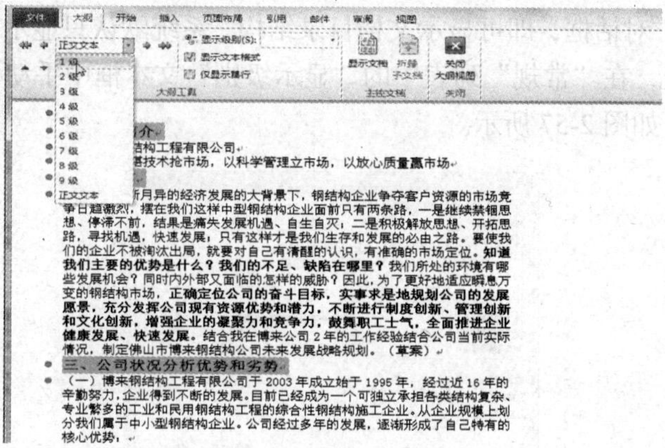

图 2-54　设置大纲级别

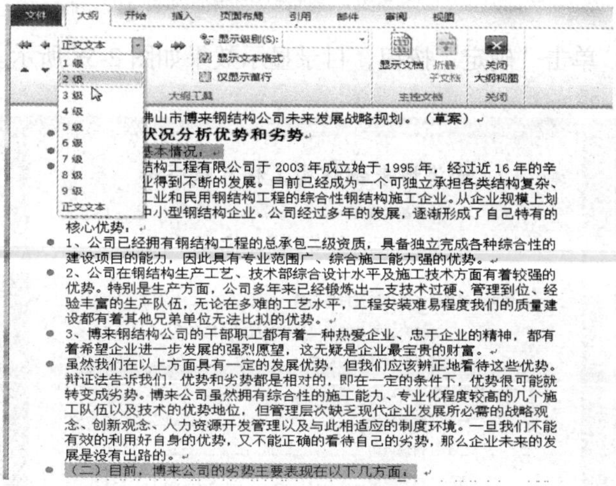

图 2-55　设置大纲级别

2. 提取文档目录

① 将光标定位到文档的起始位置，在“引用”→“目录”选项组单击“目录”下拉按钮，在下拉菜单中选择“插入目录”命令，如图 2-56 所示。

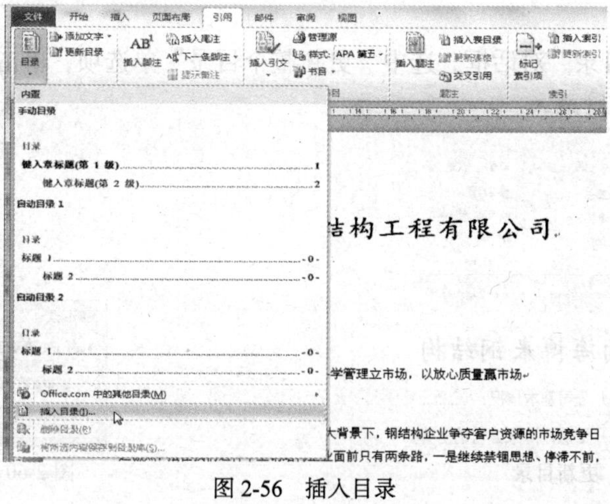

图 2-56　插入目录

② 打开“目录”对话框，即可显示文档目录结构。系统默认只显示 3 级目录，如果长文档目录级别超过 3 级，在“常规”列表中的“显示级别”文本框中手动设置要显示的级别，单击“确定”按钮，如图 2-57 所示。

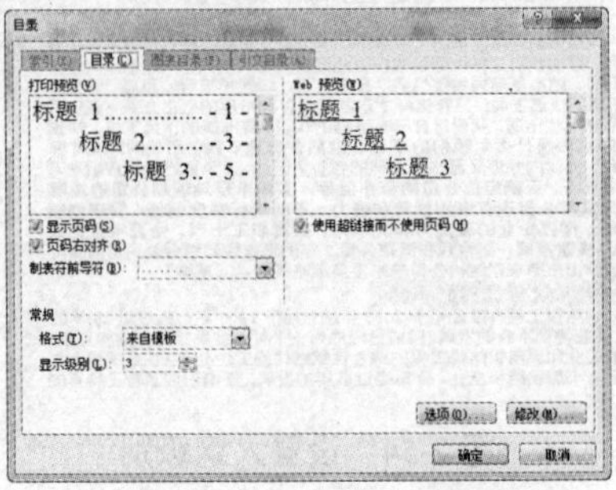

图 2-57　查看目录效果

③ 设置完成后，单击“确定”按钮，目录显示效果如图 2-58 所示。

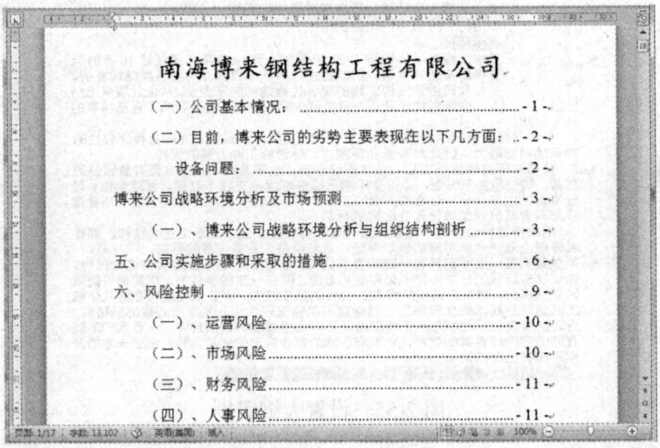

图 2-58　添加目录

3. 目录的快速更新

① 对文档目录进行更改后，在“引用”→“目录”选项组单击“更新目录”按钮，如图 2-59 所示。

② 打开“更新目录”对话框，选中“更新整个目录”单选项，单击“确定”按钮，如图 2-60 所示，即可更新目录。

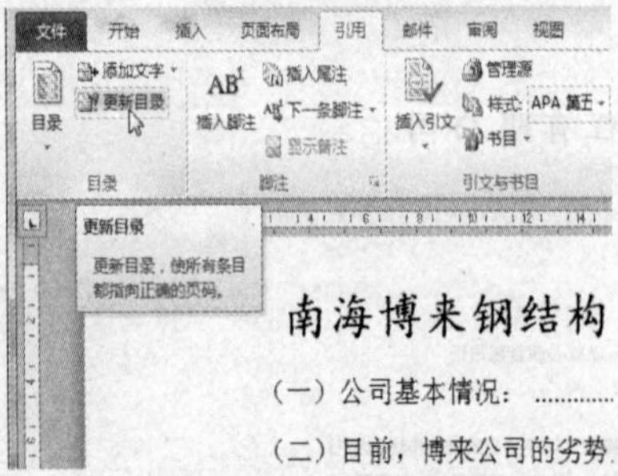

图 2-59　更新目录

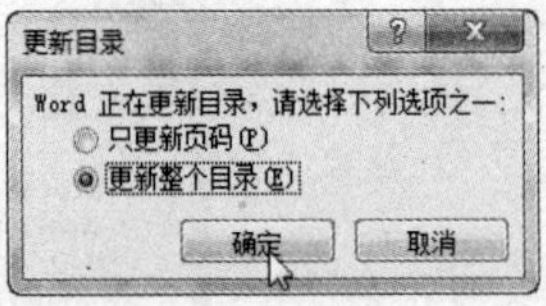

图 2-60　更新整个目录

4. 设置目录的文字格式

① 打开文档，单击“引用”→“目录”选项组，单击“目录”下拉按钮，在下拉菜单中选择“插入目录”命令，打开“目录”对话框，单击“修改”按钮，如图 2-61 所示。

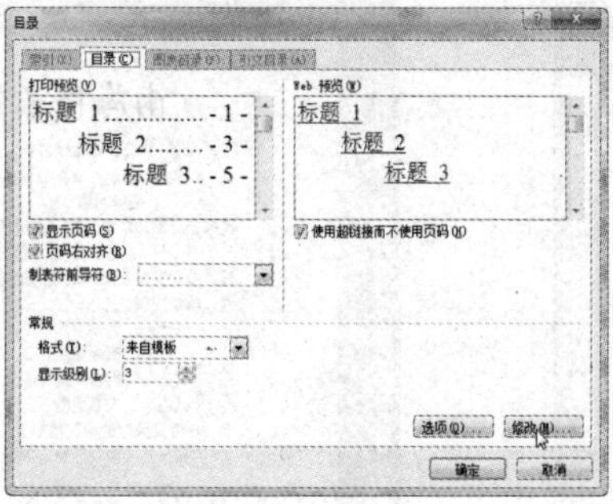

图 2-61　修改目录

② 打开“修改样式”对话框，在列表框中选择目录，可以看到预览效果，单击“修改”按钮，如图 2-62 所示。

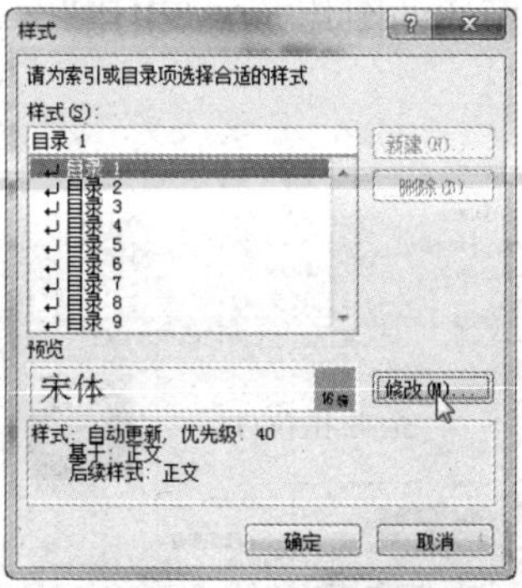

图 2-62　修改目录 1

③ 打开“修改样式”对话框，重新设置样式格式，如字体、字号、颜色等，如图 2-63 所示。

④ 设置完成后，单击“确定”按钮，返回到“样式”对话框，可以看到预览效果（如图 2-64 所示），选择“目录 2”再次单击“修改”按钮，打开“修改样式”对话框进行设置。

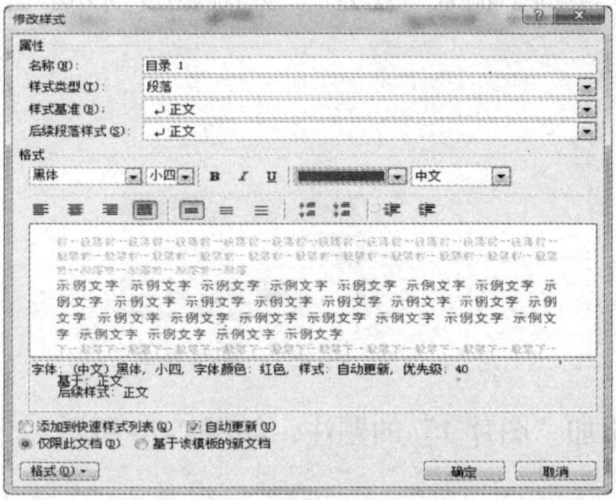

图 2-63　修改目录字体颜色

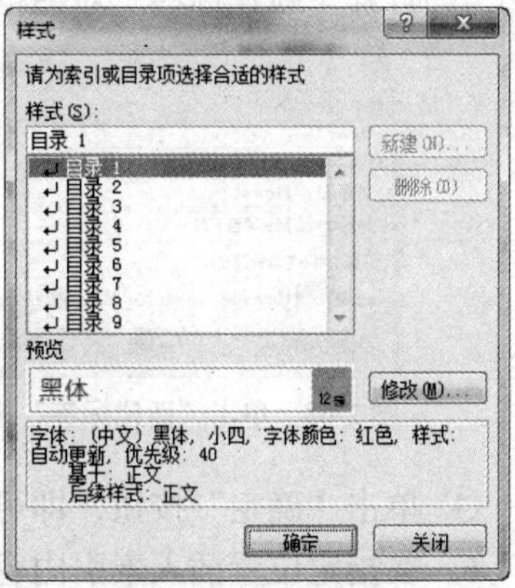

图 2-64　修改效果

⑤ 所有目录设置完成后，回到“目录”对话框中，可以看到预览效果，如图 2-65 所示。

⑥ 单击“确定”按钮，退出“目录”对话框，弹出“是否替换所选目录”对话框，单击“是”按钮，设置好的效果即应用到目录中，效果如图 2-66 所示。

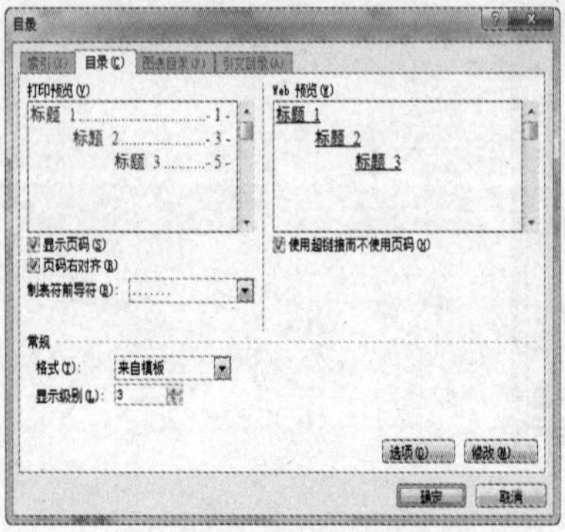

图 2-65　完全修改后效果

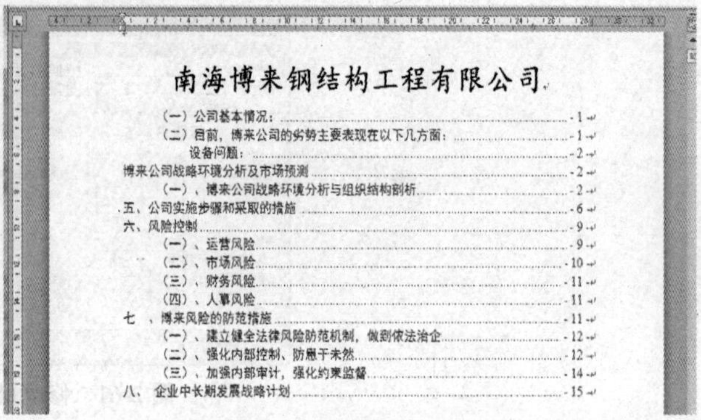

图 2-66　设置目录文字格式

5. 在文档中插入图片题注

① 打开文档，选中需要添加题注的图片，在“引用”→“题注”选项组单击“插入题注”按钮，如图 2-67 所示。

图 2-67　单击“插入题注”按钮

② 打开“题注”对话框，单击“新建标签”按钮，如图 2-68 所示。

③ 打开“新建标签”对话框，在“标签”文本框中输入“图片”，如图 2-69 所示。

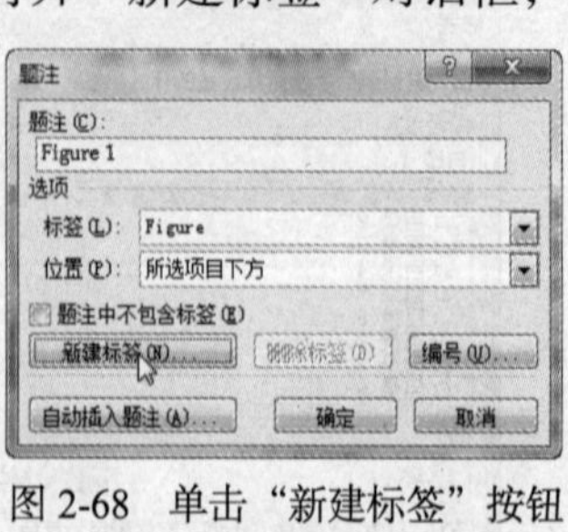

图 2-68　单击“新建标签”按钮

图 2-69　新建标签

④ 单击“确定”按钮，即可为选中的图片添加“图片 1”的题注，如图 2-70 所示。

6. 在指定位置插入索引内容

① 将插入点定位到要插入索引的位置，在“引用”→“索引”选项组单击“插入索引”

按钮，如图 2-71 所示。

图 2-70　插入题注效果

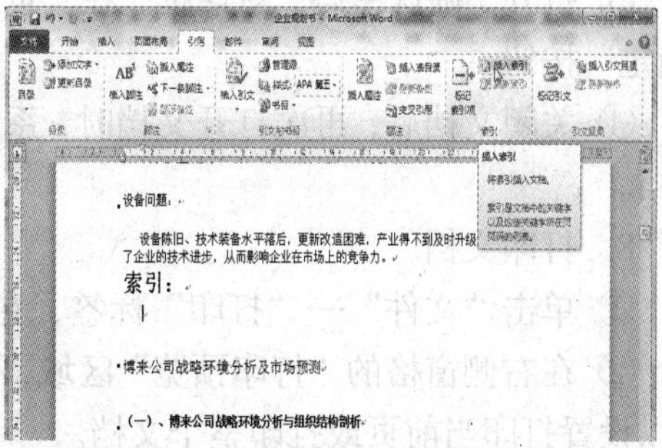

图 2-71　单击“插入索引”按钮

② 打开“索引”对话框，勾选“页码右对齐”复选框，设置“栏数”为 1，选择“排序依据”为“拼音”，单击“标记索引项”按钮，如图 2-72 所示。

③ 打开“标记索引项”对话框，在“主索引项”文本框中输入需要索引的内容，如图 2-73 所示。

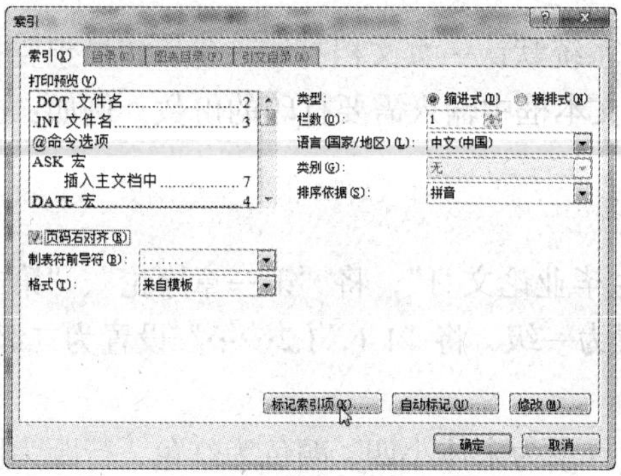

图 2-72　设置索引格式

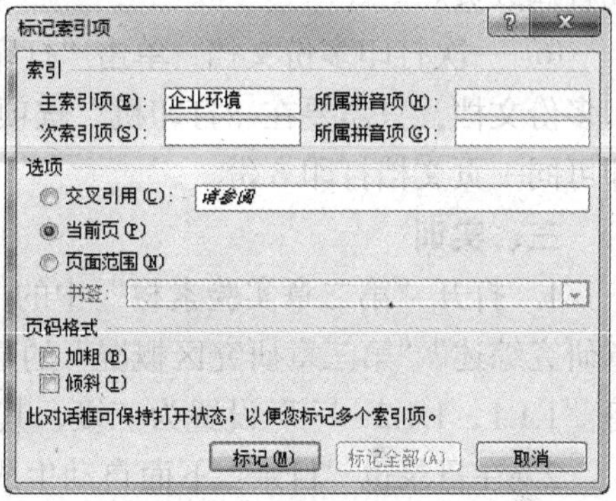

图 2-73　设置索引内容

④ 单击“标记”按钮，在“索引”选项组再次单击“插入索引”按钮，即可在文档中插入索引，效果如图 2-74 所示。

7. 用密码保护文档

① 单击“文件”→“信息”标签，在右侧窗格单击“保护文档”下拉按钮，在其下拉列表中选择“用密码进行加密”，如图 2-75 所示。

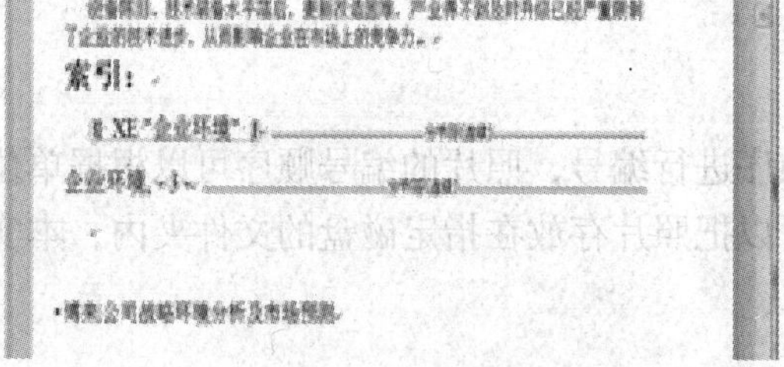

图 2-74　添加索引效果

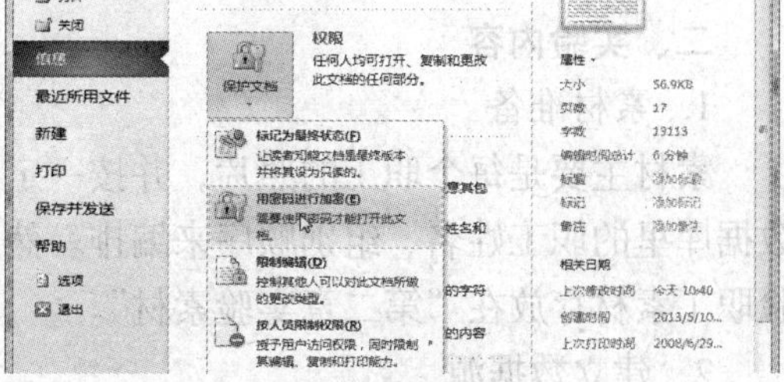

图 2-75　选择保护方式

② 打开“加密文档”对话框，在“密码”文本框中输入密码，单击“确定”按钮。

③ 打开“确认密码”对话框，在“重新输入密码”文本框中再次输入设置的密码，单击“确定”按钮。

④ 关闭文档后，再次打开文档时，系统会提示先输入密码，如若密码不正确则不能打开文档。

8. 打印文档

① 单击“文件”→“打印”标签，在右侧窗格单击“打印”按钮，即可打印文档。

② 在右侧窗格的“打印预览”区域，可以看到预览情况在“打印所有文档”下拉列表中可以设置打印当前页或打印整个文档。

③ 在“单面打印”下拉菜单中可以设置单面打印或者手动双面打印。

④ 此外还可以设置打印纸张方向、打印纸张、正常边距等，用户可以根据需要自行设置。

⑤ 在 Word 中打开需要打印的文档，单击“文件”选项卡下的“打印”标签，在“打印”属性面板的右侧“设置”选项区域，单击“打印所有页”下拉按钮，在下拉菜单中选择“仅打印奇数页”或者“仅打印偶数页”命令，单击“打印”按钮，即可只打印文档中的奇数页或者偶数页。

⑥ 一次打印多份文档，单击“打印”按钮时，系统默认一页文档打印一份，如果想要打印多份文档，只需要在“打印机”选项栏“份数”文本框中输入需要打印的份数，例如：6，即可同一页文档打印 6 份。

三、实训

1. 打开“第二章实验素材”中的“北大研究生毕业论文 1”，将“第一章序论”、“第二章研究综述”“第三章研究区概况”的显示级别设置为一级，将“1.1，1.2……”设置为二级，将“1.1.1，1.1.2……”设置为三级，其他均为正文。

2. 在目录也“目录”下面自动生成目录，设置目录为宋体小四，颜色为红色，行距为固定值 20。

3. 在第三章末尾增加一个三级内容，具体为“3.1.3 结束”，然后更新目录。

4. 整个文档其他格式自由排版。

5. 为排版好的“北大研究生毕业论文 1”设置密码，密码为“123456”。

实验八：Word 2010 邮件合并

一、实验目的

① 掌握 Word 2010 中邮件合并的应用。

② 了解邮件合并中数据源的创建和载入。

二、实验内容

1. 素材准备

素材主要是每个职工的照片，并按一定的顺序进行编号，照片的编号顺序可以根据单位数据库里的职工姓名、组别顺序来编排。然后可以把照片存放在指定磁盘的文件夹内，本实验职工素材存放在“第二章实验素材”。

2. 建立数据源

运行 Excel 2010，新建一工作表，表格建立“职工信息表”，在表中要分别包括职工的姓名、组别、编号和照片，姓名、编号的排列顺序要和照片的编号顺序一致，照片栏不需要插入真实的图片，只需填入照片实际地址（如 E:\\ 第二章实验素材\\001.jpg)，制作完成后把该工作簿重命名为“职工信息”如图 2-76 所示。

姓名	组别	编号	照片
周杰伦	信工院	001	C:\\Users\\Administrator\\Desktop\\第二章实验素材\\001.jpg
王力宏	信工院	002	C:\\Users\\Administrator\\Desktop\\第二章实验素材\\002.jpg
范冰冰	信工院	003	C:\\Users\\Administrator\\Desktop\\第二章实验素材\\003.jpg
李冰冰	信工院	004	C:\\Users\\Administrator\\Desktop\\第二章实验素材\\004.jpg
文章	信工院	005	C:\\Users\\Administrator\\Desktop\\第二章实验素材\\005.jpg
马伊俐	信工院	006	C:\\Users\\Administrator\\Desktop\\第二章实验素材\\006.jpg

图 2-76　职工信息表

3. 创建模板

① 启动 Word 2010，新建一个 Word 文档，命名为“工作证”。

② 根据“职工信息表”制作一个工作证模板，如图 2-77 所示。

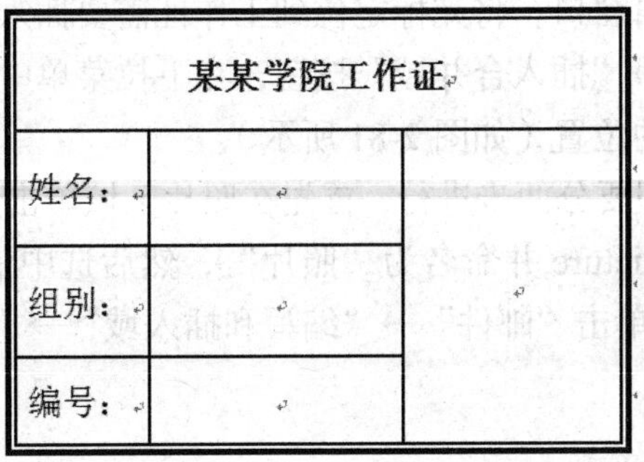

图 2-77　工作证模板

4. 添加域

① 打开“工作证.docx”，单击“邮件”→“选择收件人”，在弹出的下拉菜单中选择“使用现有列表”（如图 2-78 所示），弹出“选取数据源”窗口，找到并选中前面创建的“职工信息.xlsx”，单击“打开”按钮（如图 2-79 所示），这时会弹出“选择表格”窗口，选择“职工信息表$”，单击“确定”按钮（如图 2-80 所示）。

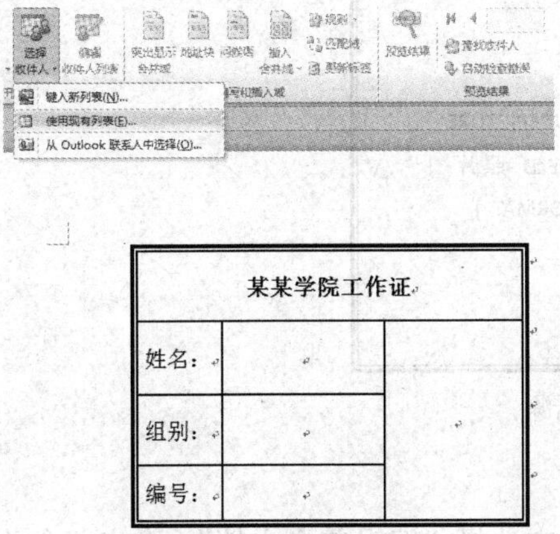

图 2-78　选取收件人

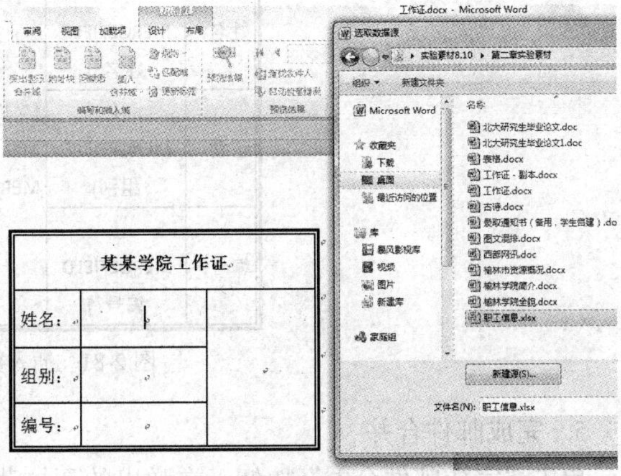

图 2-79　选择数据源

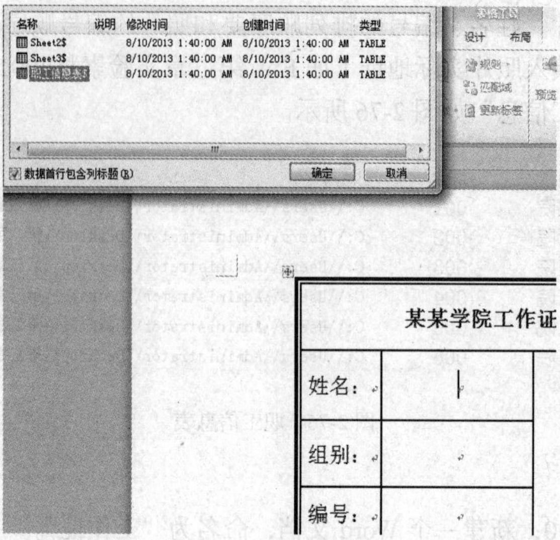

图 2-80　选择数据表

②返回 Word 2010 编辑窗口，将光标定位到工作证需要插入数据的位置，然后单击“邮件”→“编写和插入域”→“插入合并域”按钮，在下拉菜单中单击相应的选项，将数据源一项一项插入工作证相应的位置（如图 2-81 所示）。

注意：对于照片的处理要分两步进行，首先在照片区域单击菜单“插入”→“文档部件”→“域”（类型选 IncludePicture,并命名为“照片”），然后选中信息表中的“照片”（Alt+F9 可切换成源代码方式），再单击“邮件”→“编写和插入域”→“插入合并域”→“照片”建立联系。

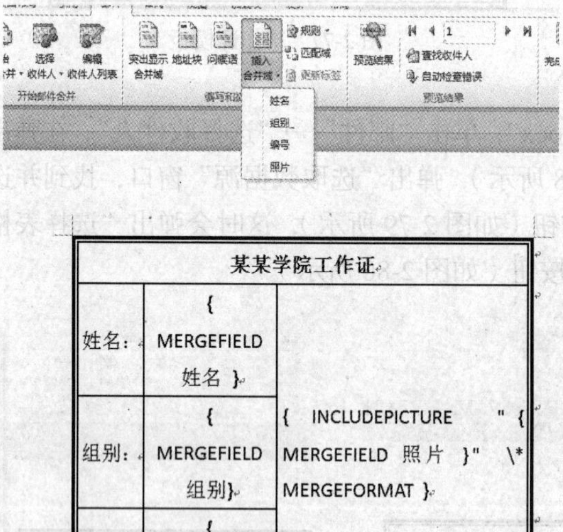

图 2-81　插入数据源

5. 完成邮件合并

单击“完成邮件合并”按钮，在弹出的下拉菜单中选择“编辑单个文档”，弹出“合并到新文档”小窗口，根据实际需要选择“全部”、“当前记录”或指定范围，单击“确定”（如图 2-82 所示），完成邮件合并，系统会自动处理并生成每位职工的工作证，并在新文档中一一列出（如图 2-83 所示），若照片不正常显示，可先按组合键“Ctrl+A”，然后按“F9”刷新即可正常显示。

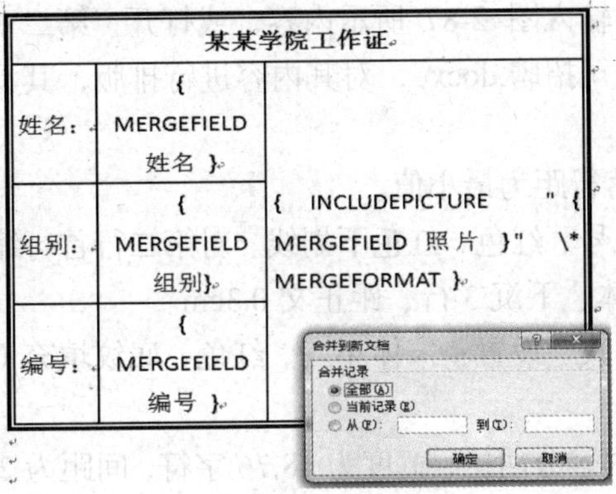

图 2-82　完成邮件合并

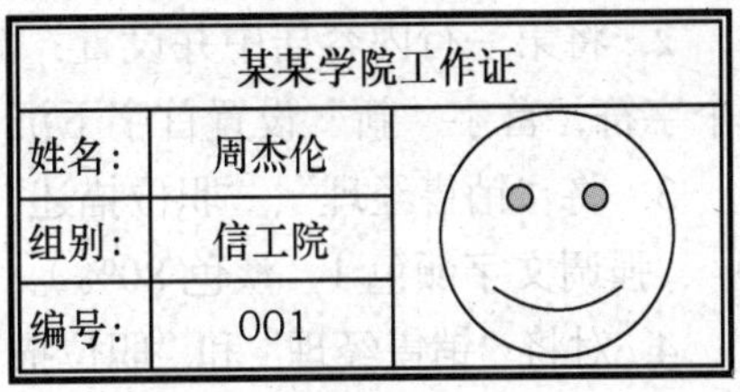

图 2-83　批量生成工作证

按需进行页面设置，打印工作证即可。

三、实训

1. 在“第二章实验素材”中新建一个 Excel 工作簿，命名为“学生成绩表.xlsx”，在 sheet1 中输入数据，如图 2-84 所示。

学号	姓名	性别	大学语文	高等数学	大学英语	计算机基础
201300001	张成祥	男	89	78	68	85
201300002	王明兴	男	96	80	98	92
201300003	龙志伟	男	83	82	83	93
201300004	李晓辉	男	91	90	87	69
201300005	唐　娜	女	93	92	88	93
201300006	马小承	男	90	86	80	83

图 2-84　学生成绩表

2. 新建一个 Word 文档，命名为“学生成绩单”，文件内容格式如图 2-85 所示，具体参数自由设置。

3. 针对“学生成绩表”和“学生成绩单”进行邮件合并操作，效果图如图 2-86 所示。

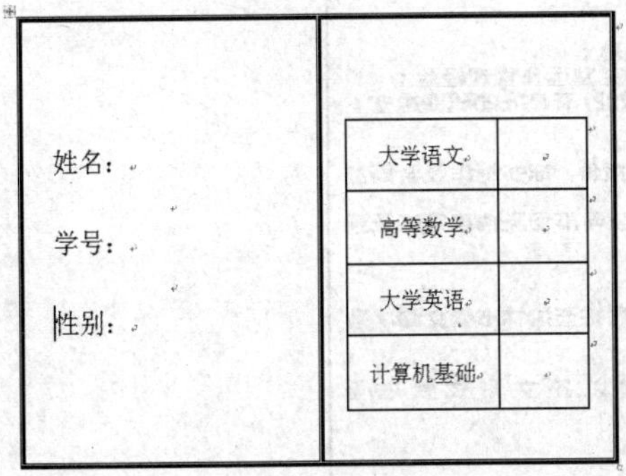

图 2-85　学生成绩单

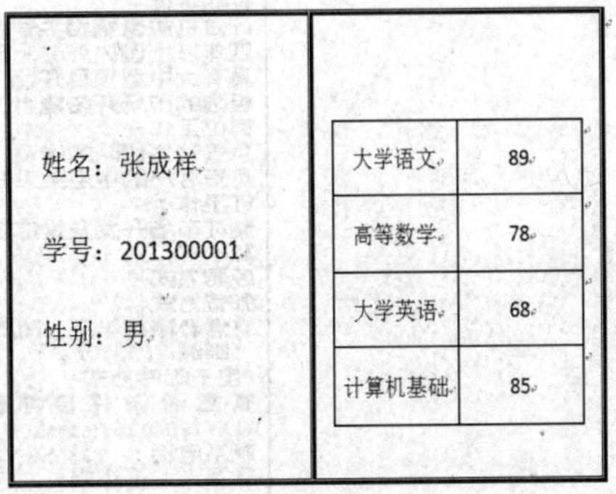

图 2-86　邮件合并后效果图

2.3 综合实训

一、综合实训一

新建一个文档，命名：新星公司招聘.docx，输入图 2-87 所示内容，或打开“第二章实验素材”→“第二章综合实训素材”→“新星公司招聘.docx”，对其内容进行排版，其具体要求如下。

1. 对文档内所有内容设置为宋体五号，段落行距为最小值。
2. 将第一行内容居中并设置：微软雅黑、二号、红色、红色下划线。对第二行首行缩进 2 个字符，首字“新”设置首字下沉，字体为宋体、下沉 3 行、距正文 0.3cm。
3. 将“销售经理”、“职位描述”和“应聘方式”设置：宋体小三、红色、底纹填充（蓝色 、强调文字颜色 1、淡色 80%）。
4. 对将“销售经理”和“职位描述”之间的内容分两栏，宽度为 18.76 字符，间距为 2.02 字符，加分隔线，段落行距为 2 倍行距。
5. 给“任职条件”、“岗位工作”、“邮寄方式”和“电子邮件方式”加粗加项目符号（项目符号自选），对“任职条件”与“岗位工作”之间的内容及“岗位工作”后面三行进行编号（如 1.）。
6. 对外语要求后的“英语四级”加着重号，对邮编后的“719000”加红色、0.5 磅边框。
7. 将文档中的所有“的”的格式替换：加粗、深蓝、小四、隶书。
8. 最后两行内容右对齐。

公司诚聘
新星（陕西）科技有限责任公司是以数字业务为龙头，集电子商务、系统集成、自主研发为一体的高科技公司。公司集中了一大批高素质的、专业性强的人才，立足于数字信息产业，提供专业的信息系统集成服务、GPS 应用服务。在当今数字信息化高速发展的时机下，公司正虚席以待，诚聘天下英才。公司将为员工提供极具竞争力的薪酬福利，并为个人提供广阔的发展空间。
销售经理
工作性质：全职
工作地点：榆林
发布日期：2014-1-8
截止日期：2014-4-8
招聘人数：3 人
学历：大学本科及以上
工作经验：4 年
外语要求：英语四级
薪水：面议
有效期：3 个月
职位描述
任职条件
计算机或营销相关专业本科以上学历；
四年以上国内外 IT、市场综合营销和管理经验；
具有大中型项目开发、策划、推进、销售的完整运作管理经验；
极强的市场开拓能力、沟通和协调能力强，敬业，有良好的职业操守；
岗位工作
负责销售团队的建设、管理、培训及考核；
负责客户的中层关系拓展和维护，监督销售报价，标书制作及合同签订工作；
制订市场开发及推广实施计划，制定并实施公司市场及销售策略及预算；
应聘方式
邮寄方式
有意者请将学历、简历（附 1 寸照片 2 张）等寄至榆林市崇文路 7 号（邮编 719000）。
电子邮件方式
有意者请将自荐信、学历、简历等以正文形式发送至 YLXY123@163.com。
联系电话： 1234567
联系人：王小姐

图 2-87 新星公司招聘素材

二、综合实训二

在“第二章实验素材”→“第二章综合实训素材”下新建一个文档，命名：个人简历.docx，其具体要求如下。

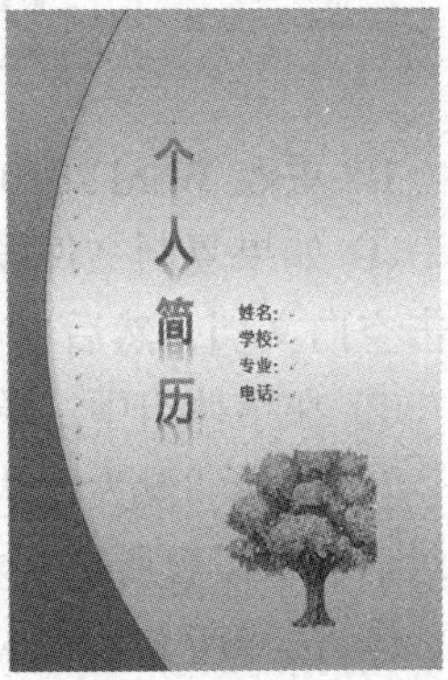

图 2-88　个人简历封面效果图

1. 制作封面，如图 2-88 所示，首先插入基本形状“新月形”，将其放置封面左侧，填充效果为渐变填充，预设颜色为碧海蓝天，线条为实线，颜色为蓝色，形状效果为水绿色，18pt 发光，强调文字颜色 5。

2. 在封面中插入竖排艺术字“个人简历”，字号为 60，艺术字样式为第 6 行第 5 列样式，如图位置放置。

3. 在艺术字右侧插入文本框，文本框内容如图所示，文字设置为宋体、二号、蓝色。

4. 在封面的右下角插入“第二章实验素材”→“第二章综合实训素材”→“个人简历素材”→“树.jpg”，删除图片背景，艺术效果为“水彩海绵”。

5. 设置个人简历表格如图 2-89 所示，首行输入“个人简历”，居中、宋体、小二、加粗、黑色。表格设计如图所示，表格外边框为双实线、0.75 磅、黑色，内边框为实线、0.75 磅、黑色，表格内字体设置为宋体、五号、黑色。具体内容请根据实际情况填写，照片可插入“第二章实验素材”→“第二章综合实训素材”→“个人简历素材”中的任一张头像图片。

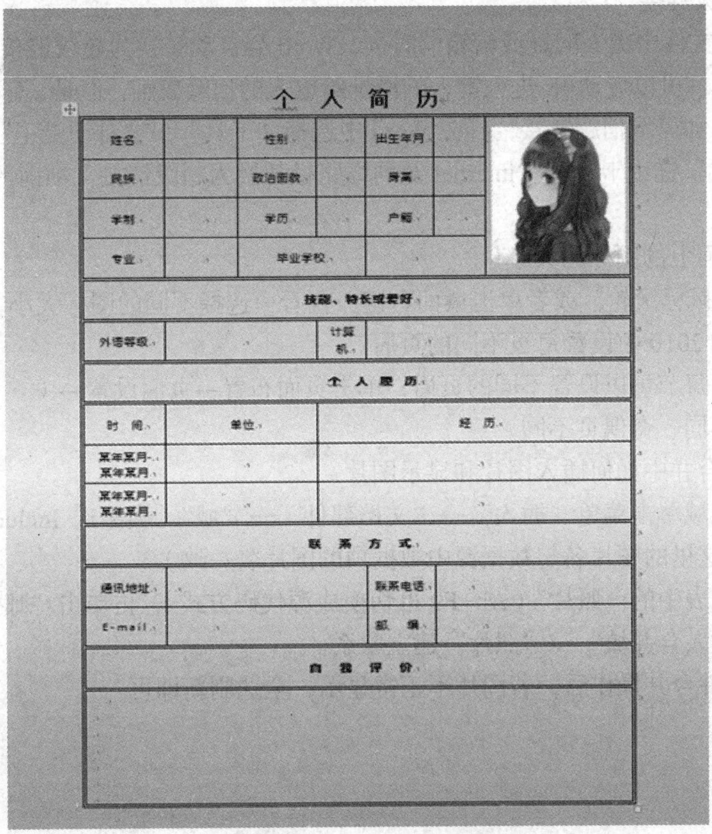

个 人 简 历

姓名		性别		出生年月		
民族		政治面貌		身高		
学制		学历		户籍		
专业		毕业学校				
技能、特长或爱好						
外语等级			计算机			
个人履历						
时间	单位		经历			
某年某月-某年某月						
某年某月-某年某月						
联系方式						
通讯地址				联系电话		
E-mail				邮编		
自我评价						

图 2-89　个人简历表格效果图

6. 页面填充效果为雨后初晴。

2.4 常见错误和难点分析

1. 更改 Word 2010 的默认字体样式

① 如果复制文件没有打开、创建基于常规模板的新文档的文档，请单击文件，单击新建，单击空白文档，然后单击创建。

② 在字体组中，单击“字体”弹出“字体对话框”。

③ 选择“设为默认字体”，例如字体样式和字体大小的选项。如果您选择特定的文本，在对话框中设置所选文本的属性，单击设为默认值。

④ 选择所有基于 Normal.dotm 模板的文档选项，再然后单击确定。

2. Word 2010 没有窗口最小化、还原、关闭窗口按键

单击 Office 按钮→Word 选项→高级→显示→“在任务栏显示所有窗口”不要勾选就行了。

3. 给图片注解文字

选定要添加说明的图片，单击鼠标右键，在快捷功能菜单中选“题注”，以打开题注窗口，然后在“标签”栏选择“公式”、“表格”或“图表”，最后在“题注”栏输入注解文字，单击“确定”按钮结束。此时，注解文字会自动显示在图片下方。注解文字可以随时更改，如改变字体大小或者删除等。

4. 取消超级链接

当在 Word 文件中键入网址或信箱的时候，Word 会自动转换为超级链接，只要在文件的网址上按一下，就可以启动 IE 进入键入的网址给输入的信箱发信。但是，有时候用户并不需要这样的功能，如需取消超链接，可在 Word 中选择“工具”→“自动更正”，先单击“键入时自动套用格式”选项卡，将“internet 及网络路径替换为超级链接”项前的对勾取消，单击“确定”。

5. 更改桌面上的图标的大小

使用 Ctrl + 鼠标滚轮，或者单击桌面右键→查看→选择不同的图标大小。

6. 在 Word 2010 中设置每页不同的页眉

利用分节，每节可以设置不同的页眉，单击页面布置→页面设置→（ ）→版式→页眉和页脚→首页不同、奇偶页不同。

7. 在邮件合并中如何插入图片和显示图片

①在图片区域单击菜单“插入”→“文档部件”→“域”（类型选 IncludePicture,并命名为“图片名”，这里的图片名与数据源中数据项的图片名一致）。

②选中信息表中的“照片”（Alt+F9 可切换成源代码方式），再单击“邮件”→“编写和插入域”→“插入合并域”→“照片”建立联系。

③ 完成邮件合并操作后，若图片不正常显示，全选刷新即可。

第三章

Excel 2010 电子文稿

3.1 知识要点

1. 工作簿与工作表

工作簿、工作表是 Excel 中的主要操作对象。工作簿（Workbook）是 Excel 用来储存并处理工作数据的文件，也就是说 Excel 文档就是工作簿，它是 Excel 工作区中一个或多个工作表的集合，其扩展名为 XLS 或 XLSX。工作表（Sheet）是显示在工作簿窗口中的表格。每个工作簿可以拥有多个工作表，Excel 默认一个工作簿含有 3 个工作表，名称分别是 Sheet1、Sheet2、Sheet3，当前的工作表以白底黑字显示，用户可以根据需要创建新的工作表，一个工作簿最多可以包括 255 个工作表。工作表可以由 1048576 行和 16384 列构成。行的编号从 1 到 65536，列的编号依次用字母 A、B……XFD 表示。

2. 单元格

单元格是表格中行与列的交叉部分，它是 Excel 的最小单位，单个数据的输入和修改都是在单元格中进行的。单元格类型定义了在单元格中呈现的信息的类型。可以通过单元格所在的行列位置引用单元格内的数据。

3. 工作簿、工作表与单元格的关系

在 Excel 中，每张工作簿中都可以包含多张工作表，而每张工作表中又包含多个单元格，三者之间属于包含和被包含的关系。

4. 数据类型

单元格中的数据有类型之分，常用的数据类型分为：文本型、数值型、日期或时间型、逻辑型。

注意

单元格中输入文本的最大长度为 32767 个字符；单元格最多只能显示 1024 个字符，当文字长度超过单元格宽度时，如果相邻单元格无数据，则可显示出来，否则隐藏；数值默认为右对齐，数字精度为 15 位，当超过 15 位时，多余的数字转换为 0；日期/时间型数据系统默认为右对齐，当输入了系统不能识别的日期或时间时，系统将认为输入的是文本字符串；单元格太窄，非文本数据将以“#”号显示。

5. 工作表的格式化

对于已经输入单元格中的数据，系统一般会根据输入的内容自动确定它们的类型、字形、大小、对齐方式等数据格式。也可以根据需要进行重新进行设置，调整单元格的边框、底纹

和样式等。

6. 排序

系统的排序功能可以将表中列的数据按照升序或降序排列，排列的列名通常称为关键字。进行排序后，每个记录的数据不变，只是跟随关键字排序的结果记录顺序发生了变化。

7. 筛选

利用数据筛选可以方便地查找符合条件的行数据。筛选有自动筛选和高级筛选两种。自动筛选包括按选定内容筛选，它适用于简单条件。高级筛选适用于复杂条件。一次只能对工作表中的一个区域应用筛选。与排序不同，筛选并不重排区域，只是暂时隐藏不必显示的行。

8. 公式和函数

Excel 除了进行一般的表格处理工作外，它的数据计算功能是其主要功能之一。公式就是进行计算和分析的等式，它可以对数据进行加、减、乘、除等运算，也可以对文本进行比较等。函数是 Excel 的预定义的内置公式，可以进行数学、文本、逻辑的运算或查找工作表的数据。与直接公式进行比较，使用函数的速度更快，同时能够减小出错的概率。

9. 透视表

数据透视表是一种交互的、交叉制表的 Excel 报表，用于对多种来源的数据进行汇总和分析。它综合了数据排序、筛选、分类汇总等数据分析的优点，可方便地调整分类汇总的方式，灵活地以多种不同方式展示数据的特征。建立数据表之后，可以通过鼠标拖动来调节字段的位置可以很多获取不同的统计结果，使表格具有动态性。

10. Excel 图表

Excel 中的图表有两种：一种是嵌入式迷你图表，它和创建图表的数据源放置在同一张工作表中；另一种是独立图表，它是一张独立的图表工作表。Excel 为用户建立直观的图表提供了大量的预定义模型，每一种图表类型又有若干种子类型。此外，用户还可以自己定制格式。

3.2 实验及解题思路

实验一：Excel 2010 基本操作

一、实验目的

① 学会创建工作薄。

② 掌握在工作薄中对工作表进行插入、删除、移动等操作。

③ 掌握有关单元格的操作，如选择、插入、删除、合并单元格以及调整行高和列宽等。

二、实验内容

1. 工作薄与工作表基本操作

（1）创建工作薄

① 新建空白工作簿，主要有三种方法：

a. 启动 Excel 2010 应用程序后，会自动创建一个空白工作簿；

b. 在打开 Excel 一个工作表后，按组合键“Ctrl+N”，立即创建一个新的空白工作簿；

c. 单击“文件”选项卡→“新建”命令，在右侧选中“空白工作簿”，接着单击“创建”按钮，创建一个新的空白工作簿。

② 根据现有工作簿建立新的工作簿。启动 Excel 2010 应用程序，单击“文件”选项卡→“新建”标签，打开“新建工作簿”任务窗格，在右侧选中“根据现有内容新建”，打开“根据现有工作簿新建”对话框，选择需要的工作簿文档，如“学生成绩”，单击“新建”按钮即可根据工作簿“学生成绩”建立一个新的工作簿。

③ 根据模板建立工作簿。单击“文件”→“新建”标签，打开“新建工作簿”任务窗格，在“模板”栏中有“可用模板”、“office.com 模板”，可根据需要进行选择。

（2）插入工作表

用户在编辑工作薄的过程中，如果工作表数目不够用，可以通过单击工作表标签右侧的插入工作表按钮来实现，如图 3-1 所示，可以插入一个工作表。

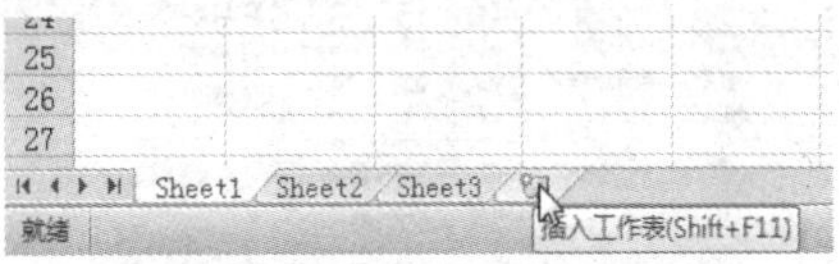

图 3-1　单击“插入工作表”按钮

（3）选择和切换工作表

同时操作几个工作表时，需要在不同的工作表间进行选择和切换，通过工作表标签或者工作表标签按钮都可以完成此项操作。选择单个工作表时直接用鼠标单击需要的工作表标签即可，如要选择多个工作表，按 Ctrl 键的同时单击可选择不连续的多个工作表，按 Shift 键的同时单击可以选择连续的多个工作表。当需要切换工作表时，直接单击需要编辑的工作表标签即可切换到需要的工作表，还可以单击右键，在弹出的快捷菜单中选择需要切换的工作表。

（4）移动或复制工作表

移动或复制可在同一个工作簿内，也可在不同的工作簿之间选择要移动或复制工作表。鼠标右键单击要移动或复制的工作表标签，选择“移动或复制工作表”命令，打开“移动或复制工作表”对话框，如图 3-3 所示。在“工作簿”框中选择要移动或复制的目标工作簿名，如“学生成绩”，在“下列选定之前工作表之前”框中选择把工作表移动或复制到“学生成绩”工作表前。如果要复制工作表，应选中“建立副本”复选框，否则为移动工作表，最后单击“确定”按钮。

（5）删除工作表

在 Sheet4 工作表标签上用鼠标右键单击，在弹出的快捷菜单中选中“删除”命令，即可删除 Sheet4 工作表，如图 3-2 所示。

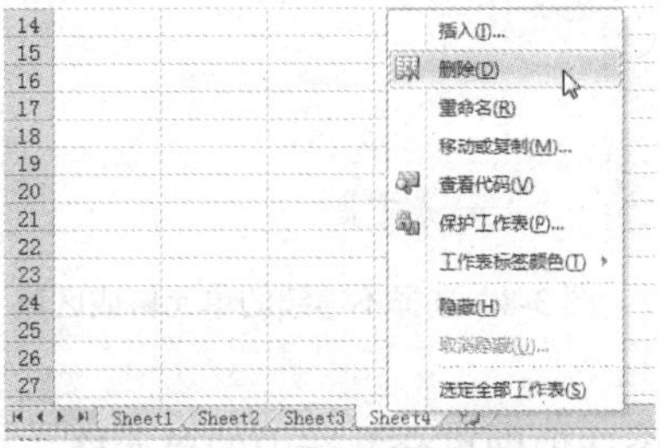

图 3-2　单击“删除”命令

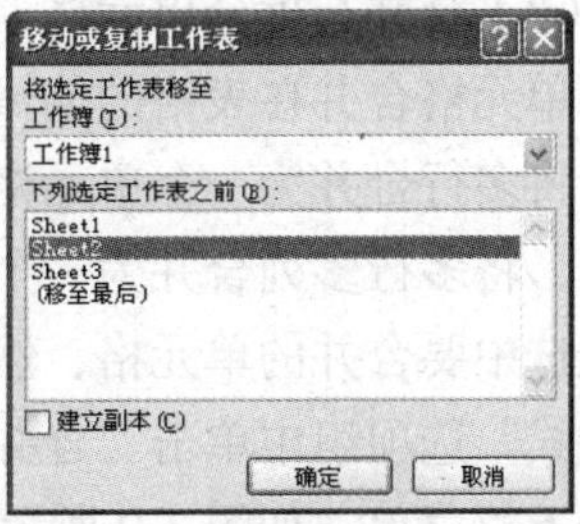

图 3-3　“移动或复制工作表

2. 单元格和单元格区域的操作

（1）插入单元格

在编辑表格过程中有时需要不断的更改表格中的内容，如规划好框架后发现漏掉一个元素，此时需要插入单元格，具体操作步骤如下。

① 选中要插入单元格的位置如 A5。

② 切换到“开始”→“单元格”选项组单击“插入”下拉按钮，选择“插入单元格”命令，如图 3-4 所示。

③ 在弹出的“插入”对话框中，选择在选定单元格之前还是上面插入单元格，如图 3-5 所示，单击“确定”按钮，即可插入单元格。

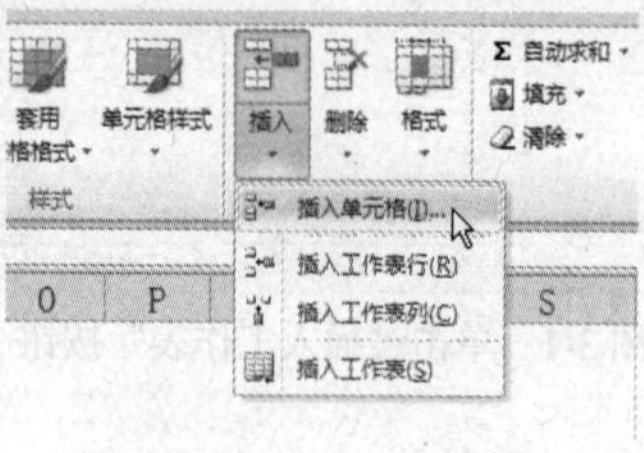

图 3-4　选中 A5 单元格

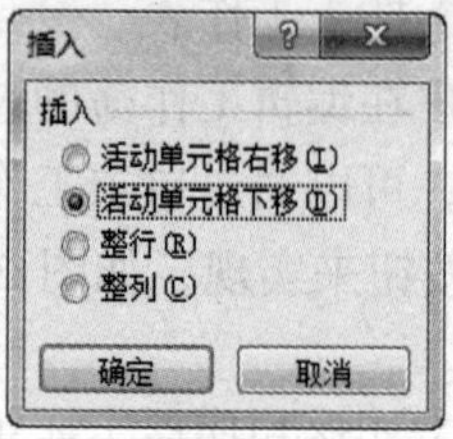

图 3-5　“插入”对话框

（2）选择单元格或单元格区域

① 选择单个单元格。选择单个单元格的方法非常简单，将鼠标光标移动到需要选择的单元格上，单击该单元格即可。选择后的单元格四周会出现一个黑色粗边框，如图 3-6 所示。

② 选择连续的单元格区域。要选择连续的单元格区域，可通过拖动鼠标的方法选择。如要选择 A3:F10 单元格区域，可单击 A3 单元格，按住鼠标左键不放并拖动到 F10 单元格，此时释放鼠标左键，即可选中 A3:F10 单元格区域，如图 3-7 所示。或者单击 A3 单元格，在按住 Shift 键的同时，单击 F10 单元格，也可选中 A3:F10 单元格区域。

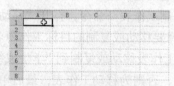

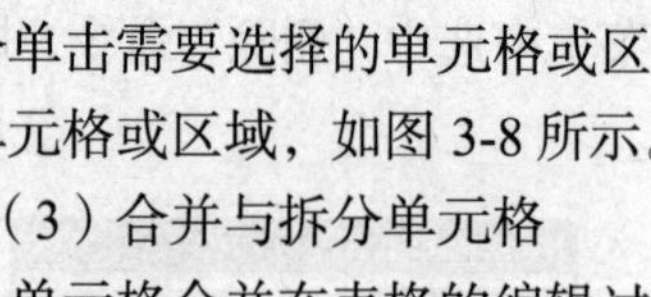

图 3-6　选择单个单元格

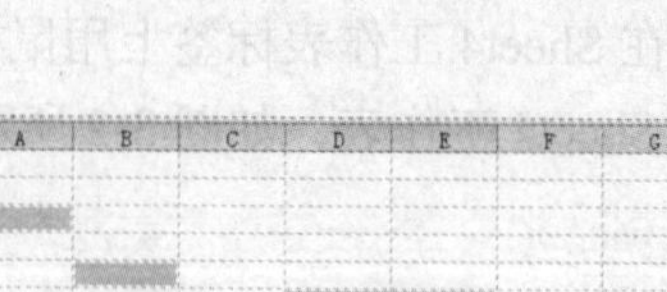

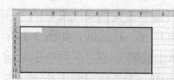

图 3-7　拖动鼠标选择单元格区域

③ 选择不连续的单元格或区域。要选择不连续的单元格或区域，按住 Ctrl 键的同时，逐个单击需要选择的单元格或区域，即可选择不连续单元格或区域，如图 3-8 所示。

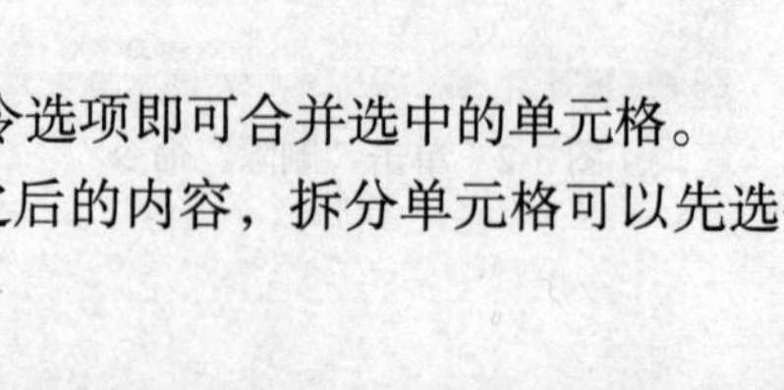

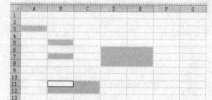

图 3-8　选择不连续的单元格或区域

（3）合并与拆分单元格

单元格合并在表格的编辑过程中经常使用到，包括将多行合并为一个单元格、多列合并为一个单元格、将多行多列合并为一个单元格。单元格合并首先选中要合并的单元格，然后在“开始”→“对齐方式”选项组中单击“合并后居中”下拉按钮，展开下拉菜单，如图 3-9 所示。单击“合并后居中”命令选项即可合并选中的单元格。

将合并后的单元格进行拆分，能有效地修改合并之后的内容，拆分单元格可以先选择合并后的单元格区域，然后在“开始”→“对齐方式”选项组中单击“合并后居中”下拉按钮，展开下拉菜单，如图 3-9 所示。单击“取消单元格合并”命令选项即可拆分选中的单元格。

（4）隐藏与显示单元格

当不想让表格中的数据被查看，可以将其隐藏起来，等需要时再将隐藏的行或列重新显示。要隐藏单元格，首先选择要隐藏的单元格，然后在“开始”→“单元格”选项组中单击“隐藏和取消隐藏”按钮，选择“隐藏行”即可将单元格所在行隐藏。如要想把隐藏后的单元格再显示出来，其操作和隐藏操作类似。

（5）调整行高和列宽

当单元格中输入的内容过长时，往往需要调整行高和列宽。选中需要调整行高的行，切换到“开始”→“单元格”选项组单击“格式”下拉按钮，在其下拉列表中选择“行高”选项，如图 3-10 所示。在弹出“行高”对话框，在“行高”文本框中输入要设置的行高值。同样的过程可以调整列宽。

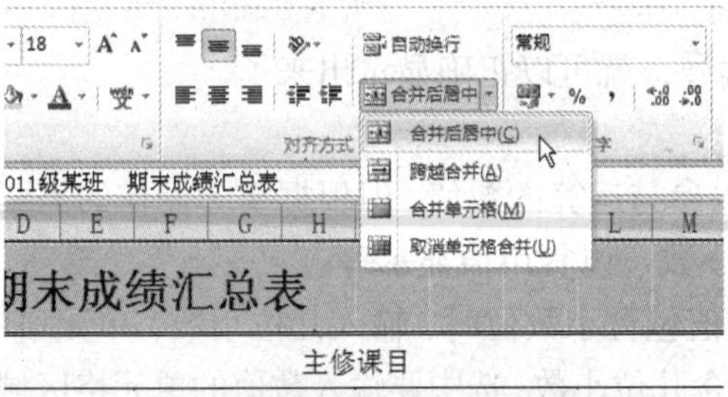

图 3-9 “合并后居中”下拉菜单

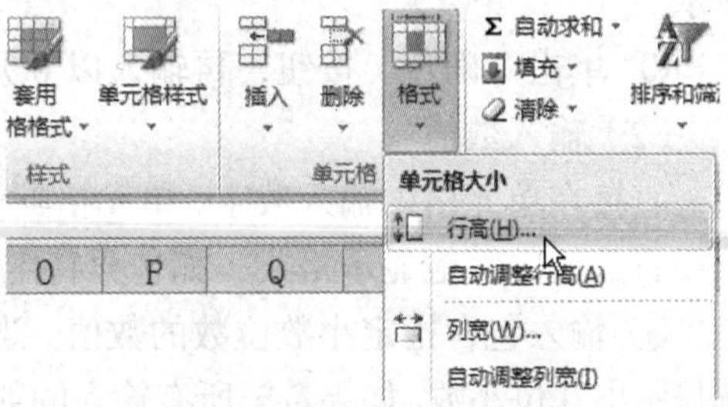

图 3-10 “格式”下拉菜单

（6）删除单元格

删除单元格时，先选中要删除的单元格，在右键菜单中选择“删除”命令，接着在弹出的“删除”对话框里选择“右侧单元格左移”或“下方单元格上移”，单击“确定”即可。

三、实训

新建一个名为“销售统计表”的空白工作簿，将其中“sheet1”工作表重命名为“一月份”。在“一月份”工作表中，合并 A1:E1 的单元格，输入标题，设置单元格高度为 30。输入其他数据信息，如图所示。设置 A2:E16 区域的行高设置为 18、列宽设置为 10。再将“sheet2”工作表中 B5 单元格的内容复制到“sheet1”工作表的 B1 单元格中。完成以上操作后将该工作簿保存。

	A	B	C	D	E
1	产品销售统计表				
2	销售地区	商品	单价	销售量	销售金额
3	榆阳区★	电风扇	¥3,966.00	5	¥19,830.00
4	横山县★	空调	¥3,588.00	5	¥17,940.00
5	米脂县★	冰箱	¥2,839.00	4	¥11,356.00
6	榆阳区★	微波炉	¥1,465.00	6	¥8,790.00
7	米脂县★	洗衣机	¥1,986.00	5	¥9,930.00
8	横山县★	空调	¥3,588.00	4	¥14,352.00
9	榆阳区★	冰箱	¥2,839.00	6	¥17,034.00
10	米脂县★	洗衣机	¥1,986.00	5	¥9,930.00
11	米脂县★	冰箱	¥2,839.00	5	¥14,195.00
12	榆阳区★	空调	¥3,588.00	5	¥17,940.00
13	榆阳区★	电风扇	¥3,966.00	2	¥7,932.00
14	横山县★	洗衣机	¥1,986.00	6	¥11,916.00
15	米脂县★	冰箱	¥2,839.00	4	¥11,356.00
16	横山县★	空调	¥3,588.00	5	¥17,940.00

实验二：数据输入与编辑

一、实验目的

① 掌握在工作表中输入的不同数据类型的方法。

② 利用不同方法实现数据的批量输入。

③ 通过数据有效性可以建立一定的规则来限制向单元格中输入的内容。

二、实验内容

1. 数据输入

（1）输入普通文本

一般来说，输入到单元格中的中文汉字即为文本型数据，另外，还可以将输入的数字设置为文本格式，可以通过如下方法来实现：

① 打开工作表，选中单元格，输入数据，单元格默认格式为“常规”。

② 如果列中想显示的序号为“001”、“002”、……这种形式的序号，直接输入显示的结果却为“1”、“2”、……（前面的 0 自动省略），此时则需要首先设置单元格的格式为“文本”，然后再输入序号。选中要输入“序号”的单元格区域，切换到“开始”菜单，在“数字”选项组中单击“”（设置单元格格式）按钮，弹出“设置单元格格式”对话框，在“分类”列表中选择“文本”选项，如图 3-11 所示。

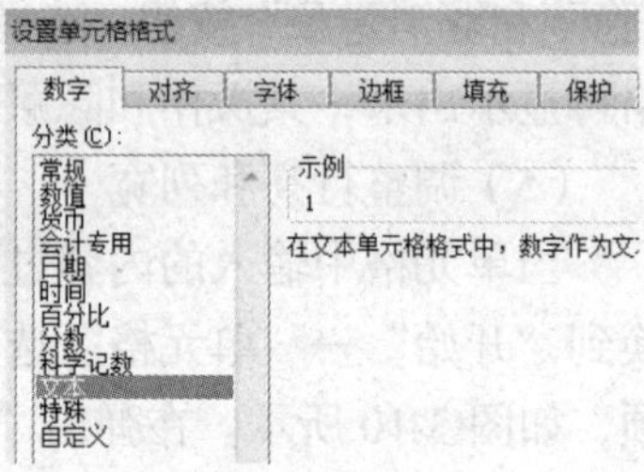

图 3-11 “设置单元格格式”对话框

③ 单击“确定”按钮，再输入以 0 开头的编号，就可以正确显示出来了。

（2）输入数值

直接在单元格中输入数字，单元格默认是可以参与运算的数值。但根据实际操作的需要，可设置数值的其他显示格式，如包含特定位数的小数、以货币值显示等。

① 输入包含指定小数位数的数值。当输入数值包含小数位时，输入几位小数，单元格中就显示出几位小数。如果希望所有输入的数值都包含几位小数，选中要输入数值的单元格区域，在“开始”→“数字”选项组中单击“”（设置单元格格式）按钮。打开“设置单元格格式”对话框，在“分类”列表中选择“数值”类别，然后可以根据实际需要设置小数的位数，单击“确定”，在设置了格式的单元格输入数值时自动显示为包含 2 位小数，如图 3-12 所示。

② 输入货币数值。要让输入的数据显示为货币格式，选中要设置为“货币”格式的单元格区域，切换到“开始”→“数字”选项组中单击“”（设置单元格格式）按钮，弹出“设置单元格格式”对话框。在“分类”列表中选择“货币”选项，并设置小数位数、货币符号的样式，单击“确定”按钮，则选中的单元格区域数值格式更改为货币格式如图 3-13 所示。

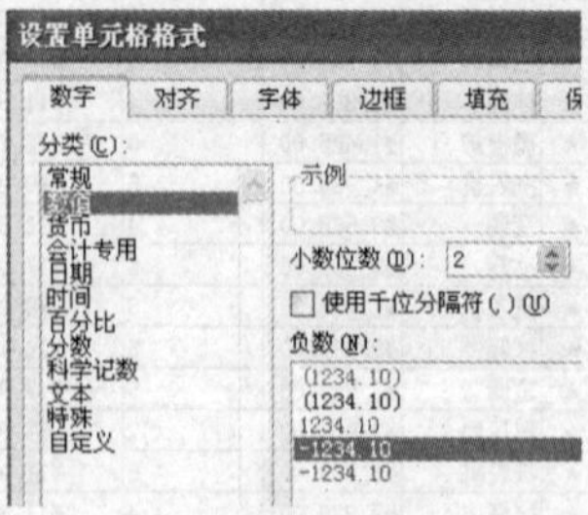

图 3-12 “设置单元格格式”对话框

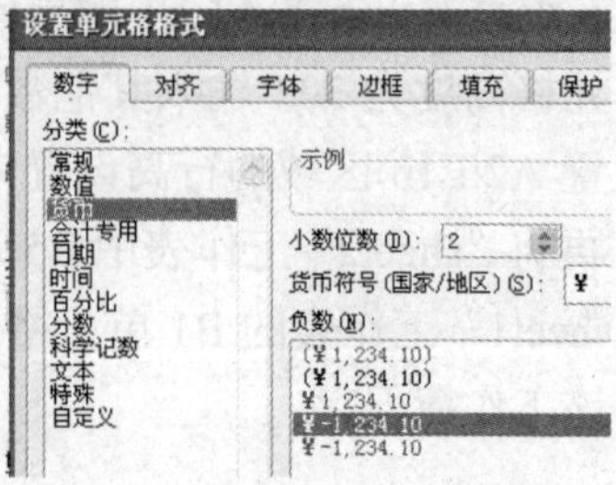

图 3-13 “设置单元格格式”对话框

③ 输入日期数据。要在 Excel 表格中输入日期，需要以 Excel 可以识别的格式输入。如输入 14-4-2；按回车键则显示 2014-4-2，输入 4-2 按回车键，其默认显示结果为 4 月 2 日。如果想以其他形式显示数据，可以通过下面介绍的方法来实现：

选中要设置为特定日期格式的单元格区域，切换到“开始”→“数字”选项组中单击按钮，弹出“设置单元格格式”对话框。在“分类”列表中选择“日期”选项，并设置小数位数，接着在“类型”列表框中选择需要的日期格式。单击“确定”按钮，则选中的单元格区域中的日期数据式更改为指定的格式。

（3）输入相同或有规律的数据

在工作表特定的区域中需要输入相同数据或是按一定规律变化的数据时，可以使用数据填充功能来快速输入。

① 利用鼠标和下拉列表填充。

输入相同数据。在单元格中输入第一个数据（如在 B3 单元格中输入“冠益乳”），将光标定位在单元格右下角的填充柄上，如图 3-14 所示。按住鼠标左键向下拖动，如图 3-15 所示。释放鼠标后，可以看到拖动过的单元格上都填充了与 B3 单元格中相同的数据，如图 3-16 所示。

图 3-14　输入第一个数据

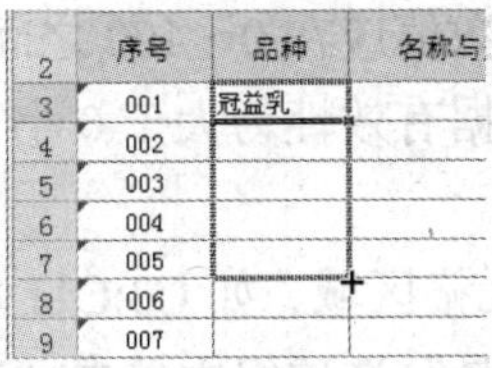

图 3-15　鼠标左键向下拖动

图 3-16　输入相同数据

连续序号、日期的填充。通过填充功能可以实现一些有规则数据的快速输入，例如输入序号、日期、星期数、月份、甲乙丙丁……等。要实现有规律数据的填充，需要至少选择两个单元格作为填充源，这样程序才能根据当前选中的填充源的规律来完成数据的填充。

例如在 A3 和 A4 单元格中分别输入前两个序号，选中 A3:A4 单元格，将光标移至该单元格区域右下角的填充柄上，如图 3-17 所示，向下拖动至填充结束的位置，松开鼠标左键，拖动过的单元格区域中则填充输入了连续且按特定规则排列的序号，如图 3-18 所示。

图 3-17　选中单元格

图 3-18　填充连续序号

不连续序号或日期的填充。如果数据是不连续显示的，也可以实现填充输入，其关键是要将填充的数据源设置好。例如第一个序号是 1，第 2 个序号是 3，那么填充得到的结果就是 1、3、5、7…的效果。

再如第一个日期是 2013/5/1，第 2 个日期是 2013-5-4，那么填充得到的结果就是 2013/5/1、2013/5/4、2013/5/7、2013/5/10…的效果。

② 利用对话框填充。

利用对话框填充是比较智能化的方法，可以让用户在对话框中完成大部分操作。在“开始”→“数字”选项组中单击“填充”，选择“系列”选项，在弹出的序列对话框中设置可以填充等差序列、等比序列、日期等连续数据。

注意

数据快速批量输入小技巧。

技巧 1：选择需要输入数据的起始单元格或单元格区域，如果输入数据的单元格不相邻，可以按住 ctrl 键选择，然后单击编辑栏并输入数据，完成后按“Ctrl+Enter”组合键，数据即可填充到已选择的单元格中。

技巧 2：需要对多张工作表同时输入相同的数据时，首先选择需要输入相同数据的工作表，然后按 Ctrl 键逐一选择其他工作表标签，最后在选择之后的任意一张工作表中输入数据，则所有的工作表中相同位置都会自动填充相同的数据。

2. 数据有效性设置

（1）设置数据有效性

假如工作表中“期末成绩”列的数值应在 0～100 之间，这时可以设置“期末成绩”列的数据有效性为大于 0 小于 100 的整数，具体操作如下：

① 选中设置数据有效性的单元格区域，如 C3:C11 单元格区域，在“数据”→“数据工具”选项组中单击“数据有效性”下拉按钮，在下拉菜单中选择“数据有效性”命令，如图 3-19 所示。

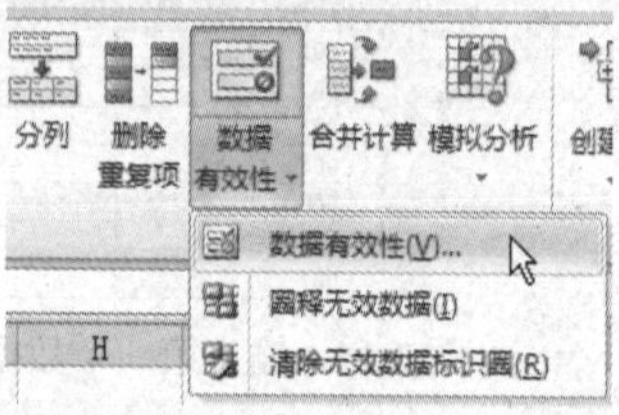

图 3-19 “数据有效性”下拉菜单

② 打开“数据有效性”对话框，在“设置”选项卡中，选中“允许”下拉列表中“整数”选项。在“最小值”中输入期末成绩的最小限制成绩 0，在“最大值”中输入期末成绩的最大限制成绩 100，再设置“错误警告”信息，如图 3-20 所示。

③ 当在设置了数据有效性的单元格区域中输入的数值不在限制的范围内时，会弹出错误提示信息，如图 3-21 所示；输入的数值正确，则不会弹出错误提示信息。

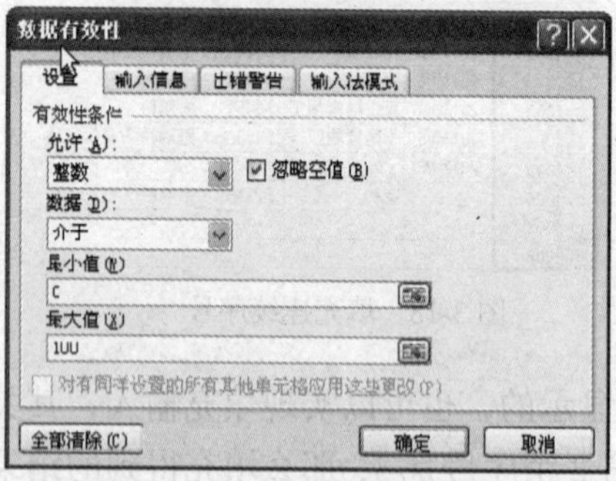

图 3-20 “数据有效性”对话框

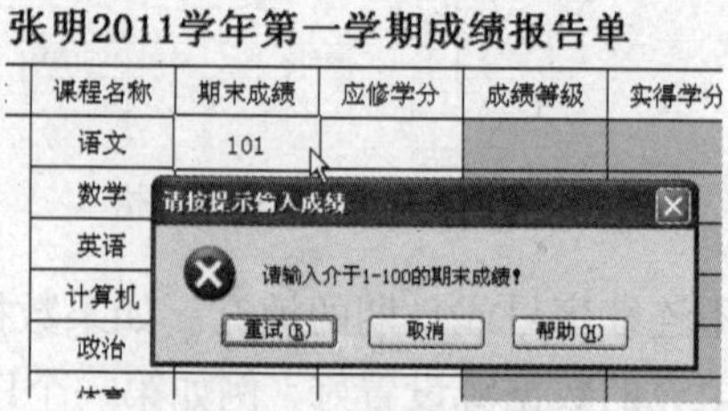

图 3-21 设置后的效果

（2）设置鼠标指向时显示提示信息

通过数据有效性的设置，还可以实现让鼠标指向时就显示提示信息，从而达到提示输入的目的，具体操作如下：

① 选中设置数据有效性的单元格区域，在“数据”→“数据工具”选项组中单击“数据有效性”按钮，打开“数据有效性”对话框。

② 选择“输入信息”选项卡，在“标题”框中输入“请按提示输入成绩”，在“输入信

息”框中输入“请输入介于 1-100 的期末成绩!”，如图 3-22 所示。

③ 设置完成后，当光标移动到之前选中的单元格上时，会自动弹出浮动提示信息窗口，如图 3-23 所示。

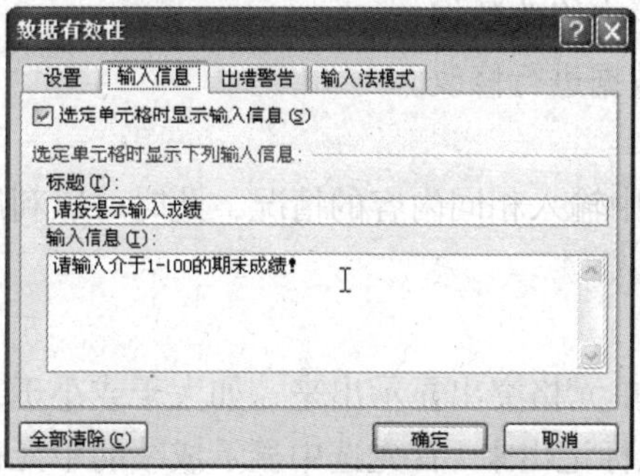

图 3-22 “数据有效性”对话框

图 3-23 设置后的效果

三、实训

1. 新建两个 Excel 工作簿，在 Sheet1 工作表输入数据如下图所示，然后将工作簿保存为“日常费用开支表.xlsx”和“饮料销售统计表.xlsx”。

日常费用开支表

日期	类型	金额	支出项目
40909	个人	586	汽车养路费
40910	个人	268	同事生日蛋糕
40911	个人	48.5	购买鼠标
40912	集体	80.46	购买打印纸
40910	集体	80	公司保洁费用
40913	集体	252.14	缴纳水电气费
40915	集体	75.52	购买墨盒
40919	集体	2450	公司聚会
40919	集体	80	修理打印机
40931	集体	80.5	订阅杂志
40938	集体	54640	发放工资
40939	外部	10245.37	支付货物尾款
40913	外部	1756	请客户吃饭
40912	外部	156.34	送客户贺卡

饮料销售统计表

饮料名称	单位	单价	销售量	销售额
可乐	听	¥2.30	205	¥471.50
七喜	听	¥2.30	158	¥363.40
鲜橙多	瓶	¥2.80	198	¥554.40
汽水	瓶	¥1.50	191	¥286.50
啤酒	瓶	¥2.00	189	¥378.00
牛奶	瓶	¥2.50	350	¥875.00
矿泉水	瓶	¥1.20	264	¥316.80
平均销售量		最大销售量		

2. 新建一个 Excel 工作簿，在 Sheet1 工作表的 B1:B4 区域中设置数据有效性，使其只能输入 60～100 范围内的数字，然后依次输入数据 86、56.3、95、120、78、65、48，看看输入的结果，再将输入结果的小数调整为 2 位（格式：##.##），设置 B1:B4 单元格水平、垂直对齐方式为“居中”。完成以上操作后保存文件。

实验三：数据处理

一、实验目的

① 对 Excel 2010 的数据进行编辑与整理。

② 学会移动数据、修改数据、复制和粘贴数据，并将表格中满足指定条件的数据以特殊的标记显示出来。

③ 学习公式输入、函数输入和常用函数的使用。

④ 学习 Excel 数据处理与分析，包括数据排序、数据绍兴、分类汇总等。

二、实验内容

1. 数据编辑与整理

（1）移动数据

要将已经输入到表格中的数据移动到新位置，先将原内容剪切，再粘贴到目标位置上即可将移动数据。还可以通过拖动的方法移动数据。

（2）修改数据

如果单元格中的数据需要修改，有两种方法：

① 选中单元格后，单击编辑栏，然后在编辑栏内修改数据。

② 双击单元格，出现光标后，在单元格内对数据进行修改。

（3）复制数据

在表格编辑过程中，经常会出现在不同单元格中输入相同内容的情况，此时可以利用复制的方法以实现数据的快速输入。

（4）突出显示指定条件的数据

可以设置当单元格内容满足某一规则的时候，单元格突出显示出来，如大于或小于某一规则。如设置员工工资大于3000元的数据的以红色标记出来，首先选中显示成绩的单元格区域，在“开始”→“样式”选项组中单击条件格式命令按钮，在弹出的下拉菜单中可以选择条件格式，此处选择“突出显示单元格规则→大于”，如图3-24所示。弹出设置对话框，设置单元格值大于“3000”显示为“红填充色深红色文本”。点击“确定”按钮回到工作表中，可以看到所有分数大于3000的单元格都显示为红色。

（5）使用数据条突出显示数据

在Excel 2010中，利用数据条功能直观地查看区域中数值的大小情况。

如图3-25所示，选中C列中的期末成绩数据单元格区域，在“开始”→“样式”选项组中单击条件格式命令按钮，在弹出的下拉菜单中单击“数据条”子菜单，接着选择一种合适的数据条样式。选择合适的数据条样式后，在单元格中就会显示出数据条。

图3-24 “条件格式”拉菜单

张明2011学年第一学期成绩报告单

课程性质	课程名称	期末成绩	应修学分	成绩等级	实得学分
考试科目	语文	86	5	A	6
	数学	90	5	A	6
	英语	73	4	C	4
	计算机	87	3	A	3.6
	政治	85	2	A	2.4
	体育	84	1	B	1.1
	旅游概论	46	2	D	0
	旅游心里	52	1	D	0
	餐厅服务	91	2	A	2.4

图3-25 设置后的效果

2. 公式与函数使用

（1）公式的使用

① 输入公式。在工作表中进行数据运算前，首先需要输入相应的公式，在Excel中输入公式与输入文本相似，不同的是输入公式时首先要输入“=”开头，然后才是公式的表达式，在Excel中常用输入公式的方法包括在单元格中输入和编辑栏中输入。

如要利用公式计算平均成绩，如图3-26所示，把光标定位在E2单元格，直接输入公式“=(B2+C2+D2)/3”，按回车键，E2单元格显示的内容就是B2、C2、D2的平均成绩。如果要输入的公式比较长时，在编辑栏中进行输入会更加方便，在编辑栏中输入公式与在单元格中输入公式的方法基本相同。

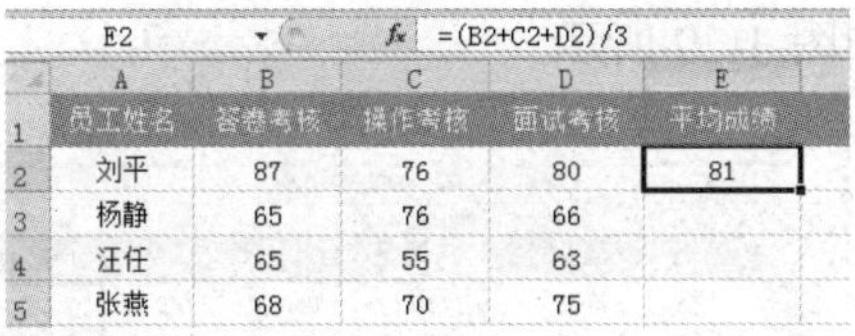

E2 =(B2+C2+D2)/3

	A	B	C	D	E
1	员工姓名	答卷考核	操作考核	面试考核	平均成绩
2	刘平	87	76	80	81
3	杨静	65	76	66	
4	汪任	65	55	63	
5	张燕	68	70	75	

图 3-26 输入公式

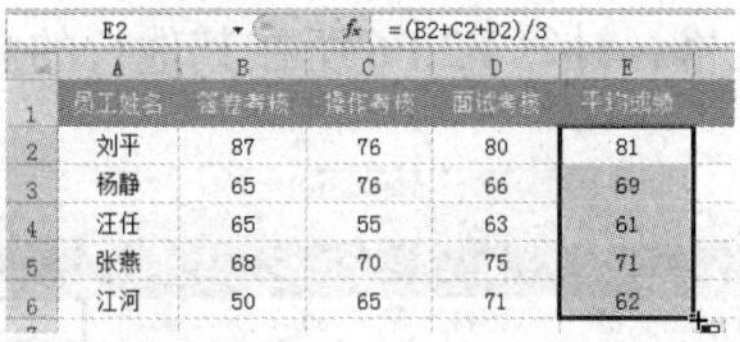

E2 =(B2+C2+D2)/3

	A	B	C	D	E
1	员工姓名	答卷考核	操作考核	面试考核	平均成绩
2	刘平	87	76	80	81
3	杨静	65	76	66	69
4	汪任	65	55	63	61
5	张燕	68	70	75	71
6	江河	50	65	71	62

图 3-27 复制公式

把光标放在 E2 单元格的右下角，出现十字填充柄的时候，按住鼠标左键向下拖动直到 E6 单元格，可计算出 E2:E6 所在行的平均成绩，如图 3-27 所示。

② 编辑公式。编辑公式前可以显示为公式或恢复显示公式的计算结果，由于输入公式时可以在单元格或编辑栏中进行，所以编辑公式也可在其中进行。

在“公式”→“公式审核”选项组中单击“显示公式”按钮可显示公式，双击要编辑公式所在单元格，在其中将其修改为正确的内容。再次点击“显示公式”按钮可将公式隐藏。

③ 复制公式。在工作表中有许多要计算的数据，如果要计算其他单元格中的数据，再逐个输入公式进行计算会比较麻烦，此时可通过复制公式的方法对其他单元格进行计算，提高工作效率。

在使用公式进行数据间的计算时，都需要引用相应的单元格，引用单元格即使用单元格的地址，单元格的引用包括相对引用、绝对引用和引用其他工作部中的单元格 3 种。

相对引用：是指被引用的当前单元格与公式所在单元格的位置是相对的，默认情况下复制于填充公式时，公式中的单元格地址会随着存放计算结果的单元格位置不同而不同，这是相对引用。

绝对引用：是指被引用的单元格与公式所在的单元格的位置是绝对的。即不管公式被复制到什么位置，公式中所引用的还是原来单元格中的数据。如在操作中不希望调整引用位置，则可使用绝对引用。

引用其他工作表或工作簿中的单元格：引用其他工作簿中的单元格，一般格式为：“'工作簿存储地址\[工作簿名称]工作表名称'!单元格地址”。如“=SUM（'C:\My Document\[Book2.xlsx]Sheet1:Sheet3'!F3）”表示将 C 盘“My Document”文件夹中，将 Book2 工作簿中 Sheet1 到 Sheet3 所有 F3 单元格中的数据求和。

如果在一个单元格中既有绝对单元格地址引用，又有相对单元格地址引用，那么该引用叫做混合引用，如果公式所在单元格的位置改变，则相对引用改变，而绝对引用不变。

（2）函数的使用

① 认识函数。函数是预先定义好的公式，在需要时可以直接调用。函数的类型有好多种：文本函数、逻辑函数、财务函数、数学和三角函数、统计函数、日期和时间函数等。每个函数都具有相同的结构形式，在 Excel 中函数包括 3 部分：等号、函数名和参数，如“=AVERAFE(B2:G2)”，其中函数参数可以是常量、逻辑值、错误值、数组、单元格引用或嵌套函数等，但指定的参数必须为有效参数值。

② 插入函数。如在“成绩单”工作簿中，利用函数计算出成绩总分，操作步骤如下。

把光标定位在 F2 单元格，输入“=SUM(B2:D2)”，按回车键，F2 单元格的内容变成了 B2:D2 单元格区域的总分，如图 3-28 所示。

把光标放在 F2 单元格的右下角，出现十字填充柄的时候，按住鼠标左键向下拖动直到

F6 单元格，计算 F2:F6 所在其他行的总成绩，如图 3-29 所示。

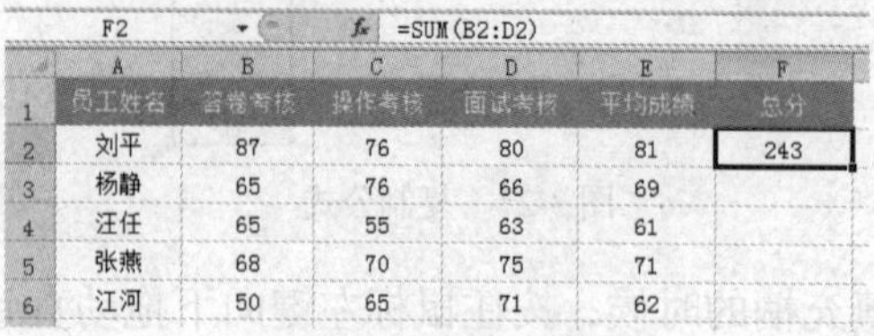

F2 =SUM(B2:D2)

	A	B	C	D	E	F
1	员工姓名	答卷考核	操作考核	面试考核	平均成绩	总分
2	刘平	87	76	80	81	243
3	杨静	65	76	66	69	
4	汪任	65	55	63	61	
5	张燕	68	70	75	71	
6	江河	50	65	71	62	

图 3-28　输入函数

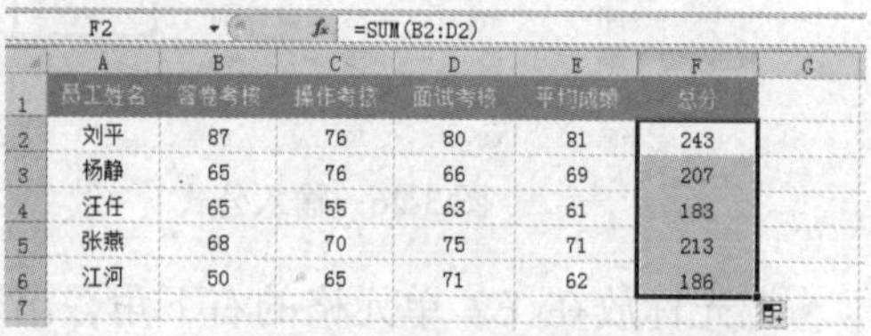

F2 =SUM(B2:D2)

	A	B	C	D	E	F	G
1	员工姓名	答卷考核	操作考核	面试考核	平均成绩	总分	
2	刘平	87	76	80	81	243	
3	杨静	65	76	66	69	207	
4	汪任	65	55	63	61	183	
5	张燕	68	70	75	71	213	
6	江河	50	65	71	62	186	
7							

图 3-29　复制公式

③ 函数的嵌套。嵌套函数就是将某个函数或公式作为另一个函数的参数参与计算，在使用嵌套函数时，应特别注意返回值的类型需要符合外部函数的参数类型。如“=ABS(SUM(C3:B9))”，将 SUM 函数作为 ABS 函数的参数使用，计算结果为 SUM 结果的绝对值。

（3）常用函数应用

① SUM 求和函数。SUM 将您指定为参数的所有数字相加，其格式为 SUM(number1, number2,…)其中参数 number1,number2,…是要对其求和的 1 到 255 个参数，每个参数都可以是区域、单元格引用、数组、常量、公式或另一个函数的结果。

如图 3-30 所示，选中 B8 单元格，在公式编辑栏中输入公式：=SUM(B2:B5*C2:C5)，按“Ctrl+Shift+Enter”组合键（必须按此组合键，数组公式才能得到正确结果），即可通过销售数量和销售单价计算出总销售额。

② IF 条件函数。如果指定条件的计算结果为 TRUE，IF 函数将返回某个值；如果该条件的计算结果为 FALSE，则返回另一个值。例如，如果 A1 大于 10，公式“=IF(A1>10,"大于 10","不大于 10")”将返回“大于 10”；如果 A1 小于等于 10，则返回“不大于 10”。

在实际工作中，对员工销售量进行统计后,可以使用 IF 函数来实现销量业绩的业绩考核，输入公式“=IF(E2<=5, "差",IF(E2>5, "良",))”，将鼠标放到公示所在单元格的右下角，光标变成十字形状后，按住鼠标左键向下拖动进行公式填充，即可得出其他员工业绩考核结果，如图 3-31 所示。

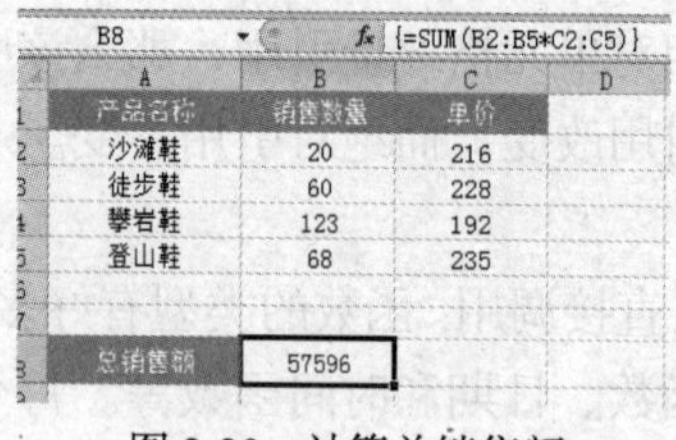

B8 {=SUM(B2:B5*C2:C5)}

	A	B	C	D
1	产品名称	销售数量	单价	
2	沙滩鞋	20	216	
3	徒步鞋	60	228	
4	攀岩鞋	123	192	
5	登山鞋	68	235	
6				
7				
8	总销售额	57596		

图 3-30　计算总销售额

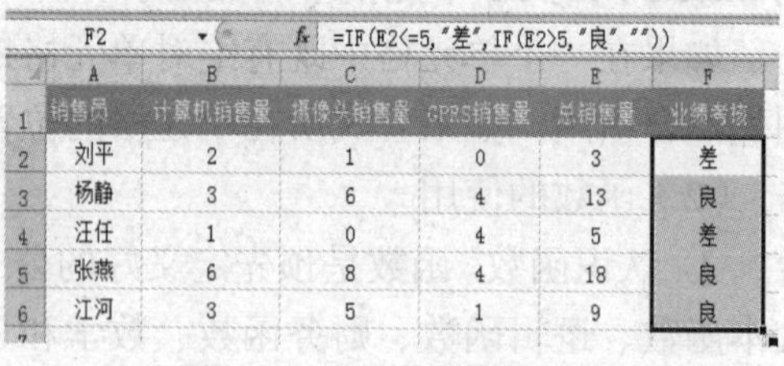

F2 =IF(E2<=5,"差",IF(E2>5,"良",""))

	A	B	C	D	E	F
1	销售员	计算机销售量	摄像头销售量	GPRS销售量	总销售量	业绩考核
2	刘平	2	1	0	3	差
3	杨静	3	6	4	13	良
4	汪任	1	0	4	5	差
5	张燕	6	8	4	18	良
6	江河	3	5	1	9	良

图 3-31　员工业绩考核结果

③ SUMIF 条件函数。SUMIF 函数可以对区域（区域指工作表上的两个或多个单元格。区域中的单元格可以相邻或不相邻）。中符合指定条件的值求和。

如图 3-32 所示，选中 C10 单元格，在公式编辑栏中输入公式：=SUMIF(B2:B8,"业务部",C2:C8)，按回车键即可统计出“业务部”的工资总额。选中 C11 单元格，在公式编辑栏中输入公式：=SUMIF(B3:B9,"财务部",C3:C9)，按回车键即可统计出“财务部”的工资总额。

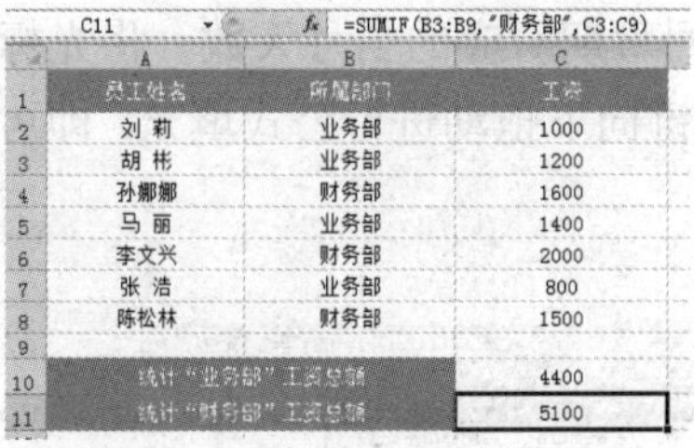
C11
=SUMIF(B3:B9,"财务部",C3:C9)
员工姓名 所属部门 工资
刘 莉 业务部 1000
胡 彬 业务部 1200
孙娜娜 财务部 1600
马 丽 业务部 1400
李文兴 财务部 2000
张 浩 业务部 800
陈松林 财务部 1500
统计"业务部"工资总额 4400
统计"财务部"工资总额 5100

图 3-32 按所属部门统计的工资总额

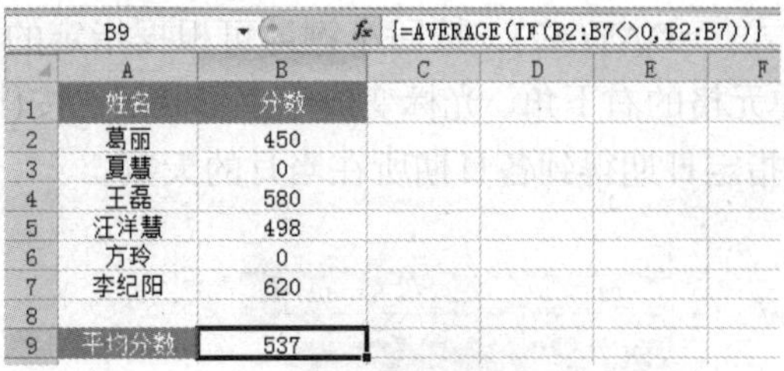
B9
{=AVERAGE(IF(B2:B7<>0,B2:B7))}
姓名 分数
葛丽 450
夏慧 0
王磊 580
汪洋慧 498
方玲 0
李纪阳 620
平均分数 537

图 3-33 计算平均分数

④ AVERAGE 函数。AVERAGE 函数用于返回参数的平均值（算术平均值）。

如当需要求平均值的单元格区域中包含 0 值时，它们也将参与求平均值的运算。如果想排除区域中的 0 值，在编辑栏中输入公式：=AVERAGE(IF(B2:B7<>0,B2:B7))，同时按“Ctrl+Shift+Enter”组合键，即可忽略 0 值求其他值的平均值，如图 3-33 所示。

⑤ COUNT 函数。COUNT 函数用于计算包含数字的单元格以及参数列表中数字的个数。使用函数 COUNT 可以获取区域或数字数组中数字字段的输入项的个数。

如图 3-34 所示，在公式编辑栏中输入公式：=COUNT(A2:C10)，按回车键即可统计出 A2:C10 区域内销售记录条数。

C12
=COUNT(A2:C10)
销售员 品名 销售数量
王荣 电视 422
葛丽 电视 418
夏慧 空调 512
王涛 微波炉 385
李纪洋 空调 482
王磊 洗衣机 368
周国菊 空调 458
高龙宝 洗衣机 418
徐莹 空调 180
统计销售记录条数： 9

图 3-34 统计销售记录条数

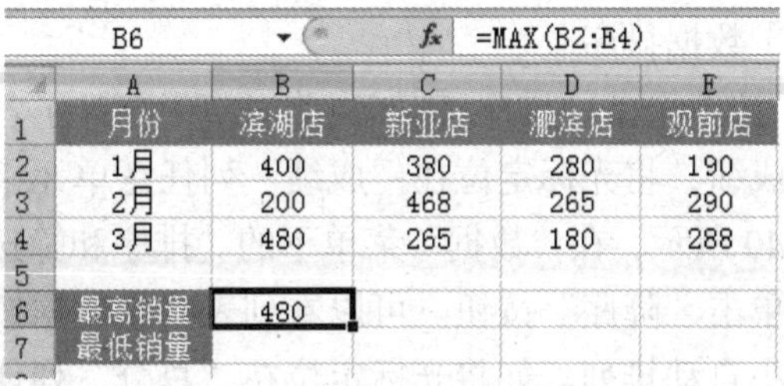
B6
=MAX(B2:E4)
月份 滨湖店 新亚店 淝滨店 观前店
1月 400 380 280 190
2月 200 468 265 290
3月 480 265 180 288
最高销量 480
最低销量

图 3-35 统计最高销售量

⑥ MAX 函数。MAX 函数表示返回一组值中的最大值。

如图 3-35 所示，选中 B6 单元格，在公式编辑栏中输入公式：=MAX(B2:E4)，按回车键，即可返回 B2:E4 单元格区域中的最大值。

⑦ MIN 函数。MIN 函数表示返回一组值中的最小值。

如图 3-36 所示，选中 B7 单元格，在公式编辑栏中输入公式：=MIN(B2:E4)，按回车键，即可返回 B2:E4 单元格区域中最小值。

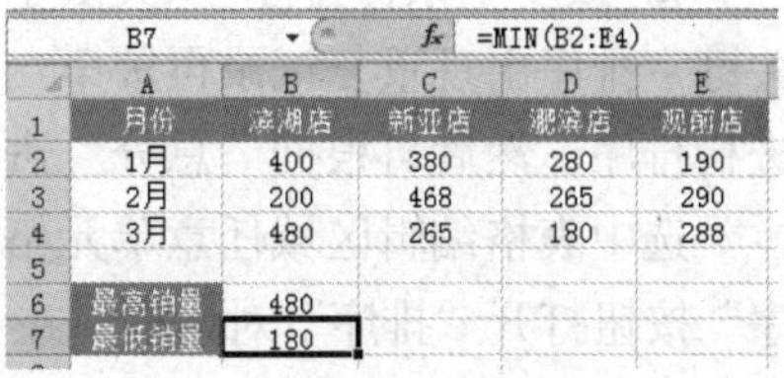
B7
=MIN(B2:E4)
月份 滨湖店 新亚店 淝滨店 观前店
1月 400 380 280 190
2月 200 468 265 290
3月 480 265 180 288
最高销量 480
最低销量 180

图 3-36 统计最低销售量

⑧ TODAY 函数。TODAY 返回当前日期的序列号。

要想在单元格中显示出当前日期，选中 B2 单元格，在公式编辑栏中输入公式：=TODAY( )，按回车键即可显示当前的日期，如图 3-37 所示。

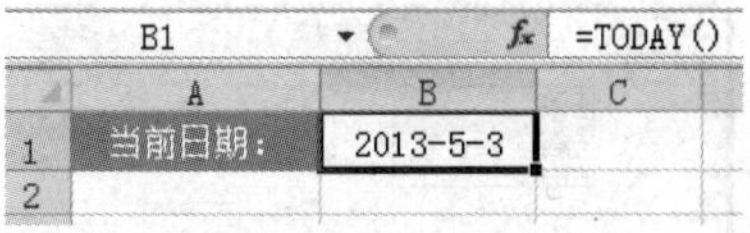
B1
=TODAY()
当前日期： 2013-5-3

图 3-37 显示出当前日期

⑨ DAY 函数。DAY 表示返回以序列号表示的某日期的天数，用整数 1 到 31 表示。

要返回任意日期对应的当月天数，如图 3-38 所示，选中 B2 单元格，在公式编辑栏中输入公式：=DAY(A2)，按回车键即可根据指定的日期返回日期对应的当月天数。将光标移到B2单元格的右下角，光标变成十字形状后，按住鼠标左键向下拖动进行公式填充，即可根据其他指定日期得到各日期所在当月的天数。

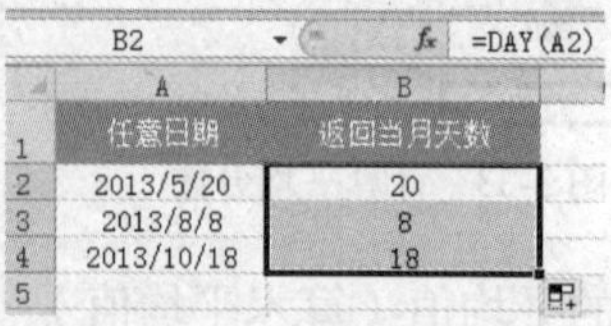

图 3-38　返回任意日期对应的当月天数

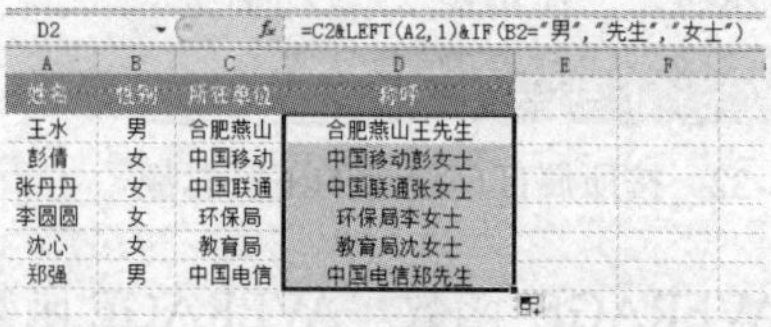

图 3-39　生成对客户的称呼

⑩ LEFT 函数。LEFT 根据所指定的字符数，LEFT 返回文本字符串中第一个字符或前几个字符。

如图 3-39 所示，选中 D2 单元格，在公式编辑栏中输入公式：=C2&LEFT(A2,1)&IF(B2="男","先生","女士")，按回车键即可自动生成对第一位来访人员的称呼“合肥燕山王先生”。将光标移到 D2 单元格的右下角，光标变成十字形状后，按住鼠标左键向下拖动进行公式填充，即可自动生成其他来访人员的具体称呼。

3. 数据处理

（1）数据排序

① 按单个条件排序。例如当前表格中统计了各班级学生的成绩，将光标定位在“成绩”列任意单元格中，如图 3-40 所示，在“数据”菜单下的“排序和筛选”选项组中单击“降序”按钮。可以看到表格中数据按总分从大到小自动排列。如将光标定位在“总分”列任意单元格中，在“数据”菜单下的“排序和筛选”选项组中单击“升序”按钮，可以看到表格中数据按总分从小到大自动排列。

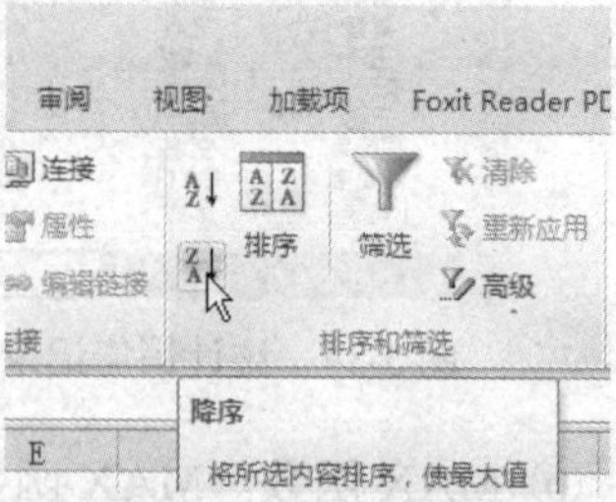

图 3-40　单击“降序”按钮

② 按多个条件排序。双关键字排序用于当按第一个关键字排序出现重复记录再按第二个关键字排序的情况。例如在上例中，可以先按“班级”进行排序，然后再根据“总分”进行排序，从而方便查看同一班级中的分数排序情况。

选中表格编辑区域任意单元格，在“数据”菜单下的“排序和筛选”选项组中单击“排序”按钮打开“排序”对话框。在“主要关键字”下拉列表中选择“成绩”，在“次序”下拉列表中可以选择“升序”或“降序”，如图 3-41 所示。

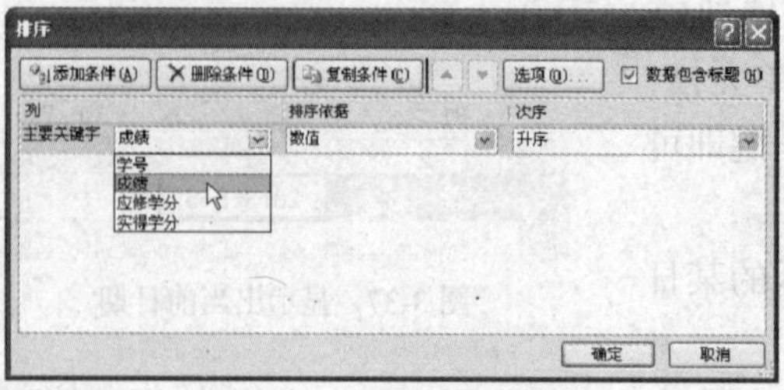

图 3-41　设置主要关键字

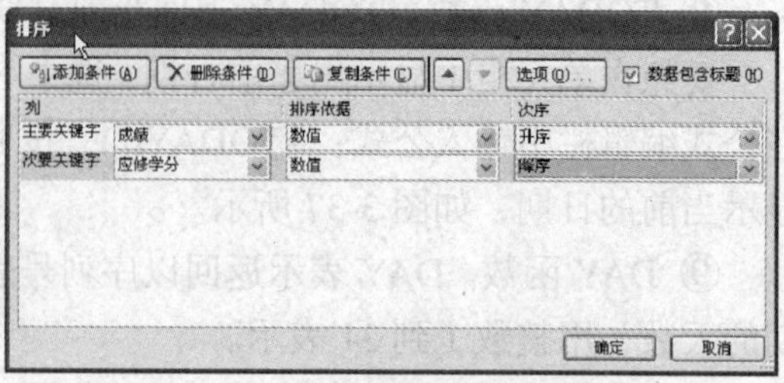

图 3-42　设置次要关键字

单击“添加条件”按钮，可在列表中添加“次要关键字”。在“次要关键字”下拉列表中选择“应修学分”，在“次序”下拉列表中选择“降序”，如图3-42所示。设置完成后，单击“确定”按钮。可以看到表格中首先按“班级”升序排序，对于同一班级的记录，又按“总分”降序排序。

（2）数据筛选

数据筛选常用于对数据库的分析。通过设置筛选条件可以快速查看数据库中满意特定条件的记录。

① 自动筛选。添加自动筛选功能后，可以筛选出符合条件的数据。选中表格编辑区域任意单元格，在“数据”菜单下的“排序和筛选”选项组中单击“筛选”按钮，则可以在表格所有列标识上添加筛选下拉按钮，如图3-43所示。

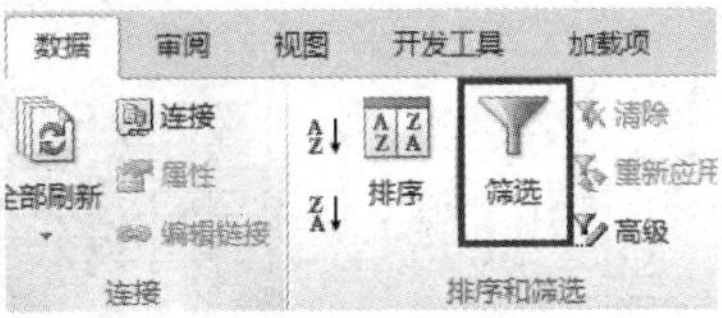

图3-43　添加筛选下拉按钮

单击要进行筛选的字段右侧的▾按钮，如此处单击“品牌”标识右侧的▾按钮，可以看到下拉菜单中显示了所有品牌。

取消“全选”复选框，选中要查看的某个品牌，单击“确定”按钮即可筛选出这一品牌商品的所有销售记录。

② 筛选单笔销售金额大于5000元的记录。在销售数据表中一般会包含很多条记录，如果只想查看单笔销售金额大于5000元的记录，可以直接将这些记录筛选出来。

在“数据”菜单的“排序和筛选”选项组中单击“筛选”按钮添加自动筛选。单击“金额”列标识右侧下拉按钮，鼠标依次指向“数字筛选”→“大于”。在打开的对话框中设置条件为“大于”→“5000”，单击“确定”按钮即可筛选出满足条件的记录。

（3）分类汇总

要统计出各个品牌商品的销售金额合计值，先选中“品牌”列中任意单元格。单击“数据”菜单“排序和筛选”选项组中的“升序”按钮进行排序。然后在“数据”菜单下的“分级显示”选项组中单击“分类汇总”按钮，如图3-44所示，打开“分类汇总”对话框。再在“分类字段”框中选中“品牌”选项，在“选定汇总项”列表框中选中“销售金额”复选框，如图3-45所示。

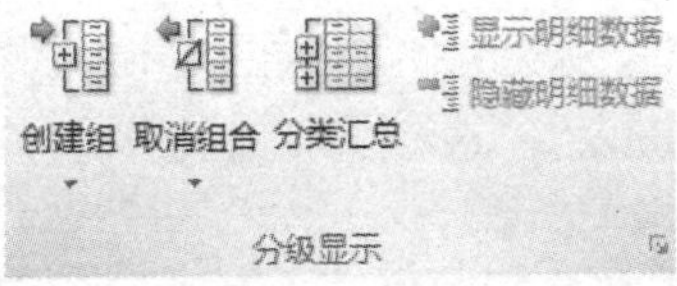

图3-44　单击“分类汇总”按钮

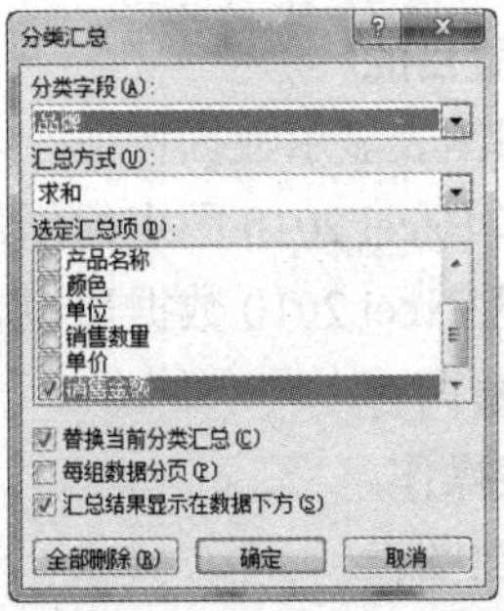

图3-45　“分类汇总”对话框

设置完成后，单击“确定”按钮，即可将表格中以“品牌”排序后的销售记录进行分类汇总，并显示分类汇总后的结果（汇总项为“销售金额”）。

三、实训

1. 新建工作簿，在 sheet1 中输入如下图所示数据，完成下面的任务：

① 利用公式填写评语。将月考 1 与月考 4 成绩比较，如月考 1 大于月考 4，则评语为“成绩退步，严重警告中”；如果月考 4 大于月考 1 成绩 40 分以上，则评语为“进步神速，希更加努力”；除此以外的情况评语都为“进步平平，望加倍努力”。

② 想法将 4 次月考平均成绩大于 520 的同学的姓名以蓝色加粗突出表示。(提示：利用公式以及筛选功能)

③ 删除其他工作表，并在表格标题添加一个批注，内容为“会考模拟练习，希望好好练习”，标注为显示状态。

高一3班2013第一学期成绩表						
姓名	性别	月考1	月考2	月考3	月考4	评语
花无缺	男	500	520	510	530	
万人迷	女	480	490	530	540	
映山红	女	544	530	544	530	
李寻欢	男	458	440	425	400	
刘德华	男	564	580	588	600	

计算机考试成绩							
考号	姓名	电脑基础	Word	Excel	PowerPoint	考试总分	是否录取
1001	杨蒲英	20	80	85	70	255	录取
1002	刘毅	80	14	8	30	132	淘汰
1003	徐鹏程	40	50	55	95	240	录取
1004	范威	20	70	80	30	200	录取
1005	周天	90	20	18	30	158	淘汰
1006	丁夏雨	50	95	90	89	324	录取
1007	郭枫	90	40	32	28	190	淘汰
1008	陶韬	80	60	57	70	267	录取
1009	齐豪	30	31	95	19	175	淘汰
1010	叶子富	40	90	60	60	250	录取
各科平均分		54	55	58	52.1		
各科总分		540	550	580	521		
各科最高分		90	95	95	95		

2. 利用所学的函数知识，计算“计算机考试成绩表.xlsx”工作簿中各科的平均分总分和最高分等，如果总分大于 200 分，“是否录取”显示“录取”，否则显示“淘汰”，完成的最终效果如图所示。

3. 打开“产品销售表.xlsx”工作簿，在工作簿中进行数据分类汇总的操作，最终效果如图所示。（需注意在进行分类汇总操作之前必须先进行排序操作）

产品销量表						
名称	单价	一季度	二季度	三季度	四季度	总销量
抽烟机	￥3,870.00	135台	210台	189台	187台	721台
抽烟机	￥4,800.00	178台	275台	134台	154台	741台
抽烟机 汇总						1462台
电冰箱	￥2,800.00	130台	215台	130台	135台	610台
电冰箱	￥3,200.00	130台	240台	133台	111台	614台
电冰箱	￥2,550.00	135台	235台	130台	138台	638台
电冰箱 汇总						1862台
空调	￥4,800.00	145台	221台	136台	136台	638台
空调	￥3,800.00	134台	246台	132台	131台	643台
空调	￥4,320.00	160台	236台	136台	136台	668台
空调 汇总						1949台
洗衣机	￥3,100.00	152台	243台	139台	136台	670台
洗衣机	￥3,200.00	152台	245台	150台	138台	685台
洗衣机	￥5,200.00	150台	280台	154台	133台	717台
洗衣机 汇总						2072台
总计						7345台

实验四：图表与数据分析

一、实验目的

① 使用图表显示数据特征。

② 掌握 Excel 2010 图表的创建和编辑的基本操作。

③ 掌握 Excel 2010 数据透视表的基本操作。

二、实验内容

1. 图表操作

（1）创建图表

选中数据单元格所在区域，如 A2:G9 单元格区域，切换到“插入”→“图表”选项组中单击“柱形图”按钮打开下拉菜单，单击“簇状柱形图”子图表类型，即可新建图表，如图 3-46 所示。

（2）添加标题

图表标题用于表达图表反映的主题。有些图表默认不包含标题框，此时需要添加标题框并输入图表标题；有些图表默认包含标题框，也需要重新输入标题文字才能表达图表主题。

选中默认建立的图表，切换到“图表工具”→“布局”菜单，单击“图表标题”按钮展开下拉菜单。单击“图表上方”命令选项，图表中则会显示“图表标题”编辑框，如图 3-47 所示，在标题框中输入标题文字即可。

（3）添加坐标轴标题

坐标轴标题用于对当前图表中的水平轴与垂直轴表达的内容做出说明，默认情况下不含坐标轴标题。如需使用需要再添加，选中图表，切换到“图表工具”→“布局”菜单，单击“坐标轴标题”按钮。根据实际需要选择添加的标题类型。此处选择“主要纵坐标轴标题→竖排标题”，则会添加“坐标轴标题”编辑框，如图 3-48 所示，在编辑框中输入标题名称即可。

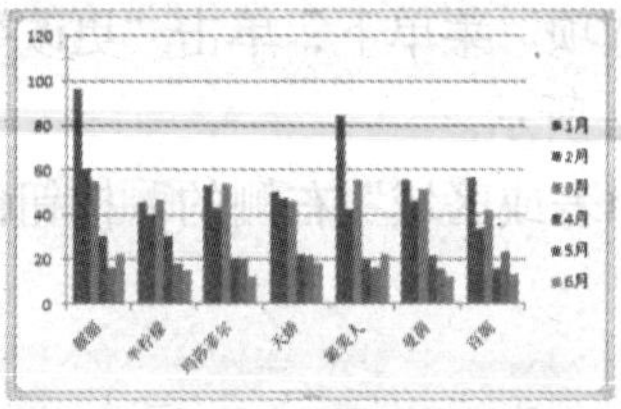

图 3-46　创建柱形图效果

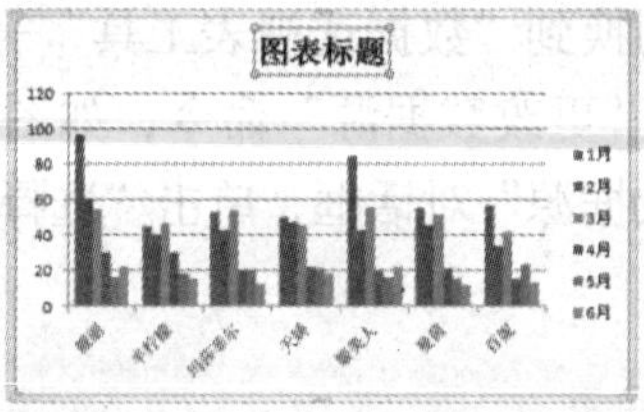

图 4-47　显示“图表标题”编辑框

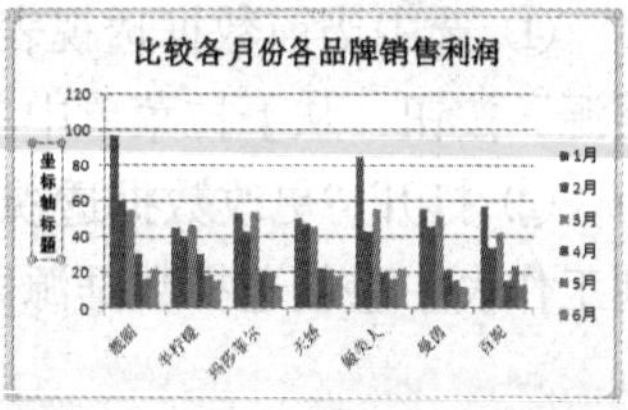

图 3-48　添加“坐标轴标题”编辑框

2. 数据透视表

（1）创建数据透视表

数据透视表的创建是基于已经建立好的数据表而建立的。创建数据透视表的操作如下：

① 打开数据表，选中数据表中任意单元格。切换到“插入”选项卡，单击“数据透视表”→“数据透视表”命令，如图 3-49 所示。

② 打开“创建数据透视表”对话框，在“选择一个表或区域”框中显示了当前要建立为数据透视表的数据源，如图 3-50 所示。

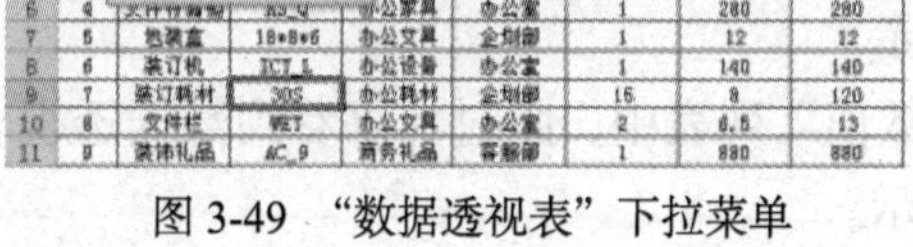

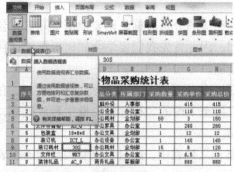

图 3-49　“数据透视表”下拉菜单

图 3-50　“创建数据透视表”对话框

③ 单击“确定”按钮即可新建了一张工作表，即数据透视表，如图 3-51 所示。

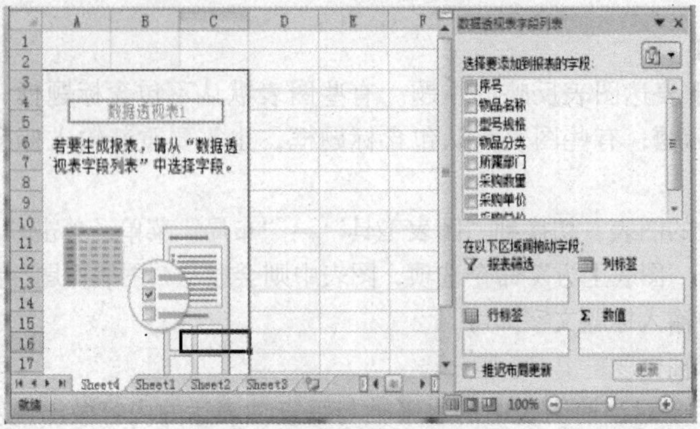

图 3-51　创建数据透视表后结果

（2）更改数据源

在创建了数据透视表后，如果需要重新更改数据源，不需要重新建立数据透视表，可以直接在当前数据透视表中重新更改数据源即可。

① 选中当前数据透视表，切换到“数据透视表工具”→“选项”菜单下，单击“更改数据源”按钮，从下拉菜单中单击“更改数据源”命令，如图 3-52 所示。

② 打开“更改数据透视表数据源”对话框，单击“选择一个表或区域”右侧的按钮回到工作表中重新选择数据源即可。

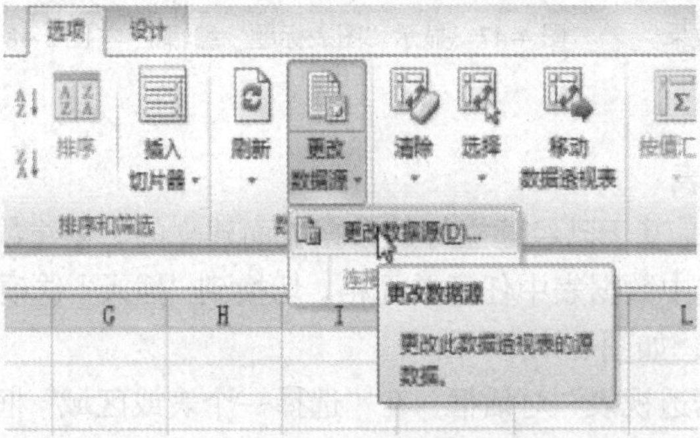

图 3-52　单击“更改数据源”命令

（3）添加字段

默认建立的数据透视表只是一个框架，要得到相应的分析数据，则要根据实际需要合理地设置字段。不同的字段布局其统计结果各不相同，因此首先我们要学会如何根据统计目的设置字段。下面介绍统计不同类别物品的采购总金额。

① 建立数据透视表并选中后，窗口右侧可出现“数据透视表字段列表”任务窗口。在字段列表中选中“物品分类”字段，按住鼠标将字段拖至下面的“行标签”框中释放鼠标，即可设置“物品分类”字段为行标签，如图 3-53 所示。

② 按相同的方法添加“采购总额”字段到“数值”列表中，此时可以看到数据透视表中统计出了不同类别物品的采购总价，如图 3-54 所示。

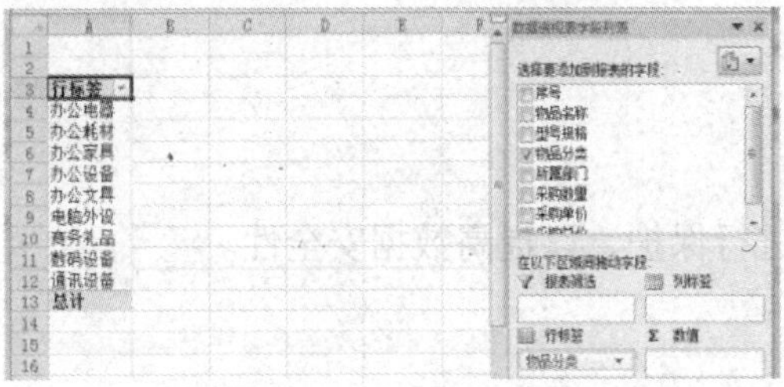

图 3-53　设置行标签后的效果

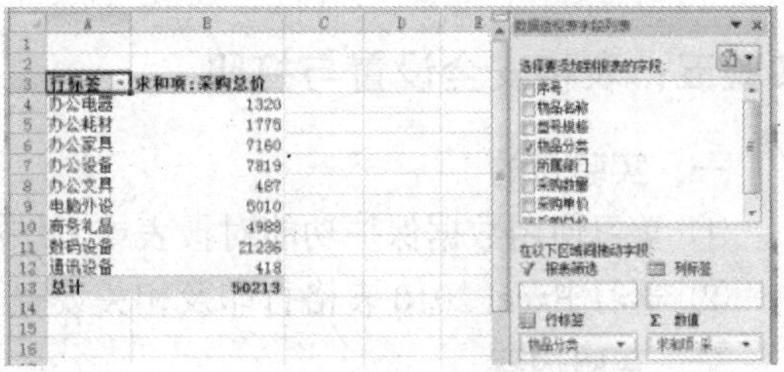

图 3-54　添加数值后的效果

例如当前数据透视表中的数值字段为“采购总价”且其默认汇总方式为求和，现在要将数值字段的汇总方式更改为求最大值，具体操作步骤如下：

① 在“数值”列表框中选中要更改其汇总方式的字段，打开下拉菜单，选择“值字段设置”命令，如图 3-55 所示。

② 打开“值字段设置”对话框，选择“汇总方式”标签，在列表中可以选择汇总方式，如此处选择“最大值”，单击“确定”按钮即可更改默认的求和汇总方式为求最大值。

三、实训

1. 新建工作簿，在 sheet2 中输入如下数据表，插入数据表的标题“学生成绩表”（要求隶书字体，加粗、字号 24）。在“计算机”后面添加两列“总分”和“名次”，并用函数或公式计算各位学生的总分和名次，然后用公式按照班级进行排序。将 2 班同学按照姓名和各科分数生成簇状柱形图标，分类（X）轴标题为“课程”，数值（Y）轴标题为 “分数”，将 sheet2 改名为“成绩表”，保存文件。

	A	B	C	D	E	F
1	姓名	班级	高数	英语	计算机	
2	章雪	二	85	97	88	
3	里斯	二	78	91	76	
4	罗定于	二	66	57	90	
5	张榴	二	56	88	45	
6	刘斯	三	71	78	95	
7	王明礼	三	89	56	67	
8	王五	一	67	99	87	
9	张三	一	67	59	66	
10	张梦	一	54	45	83	

2. 运用图标创建、布局和格式等相关知识，利用“销售预测表”和“销售表”创建制作图表，最终效果如下图所示。

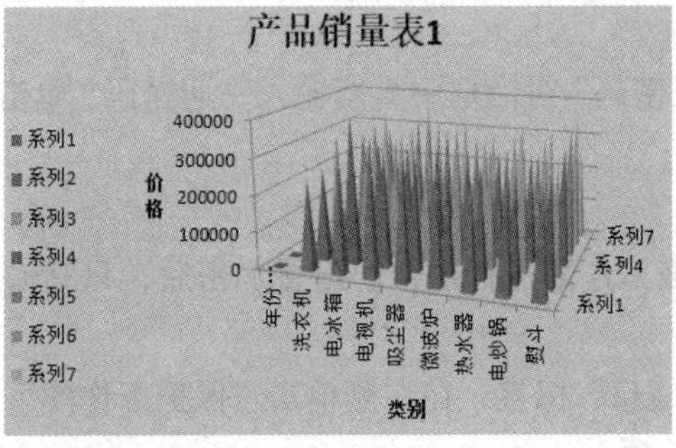

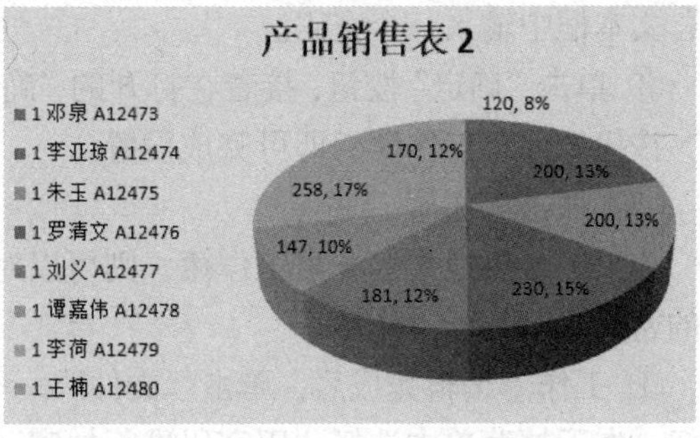

实验五：表格安全设置与打印

一、实验目的

① 学习使用数据保护功能对报表或工作簿进行保护，以提高数据安全性。

② 学习 Excel 2010 表格打印及相关设置。

二、实验内容

1. 安全设置

（1）保护当前工作表

设置对工作表保护后，工作表中内容为只读状态，无法进行更改，可以通过下面操作来实现：

① 切换到要保护的工作表中，在“审阅”→“更改”选项组中单击“保护工作表”按钮，如图 3-56 所示，打开“保护工作表”对话框。

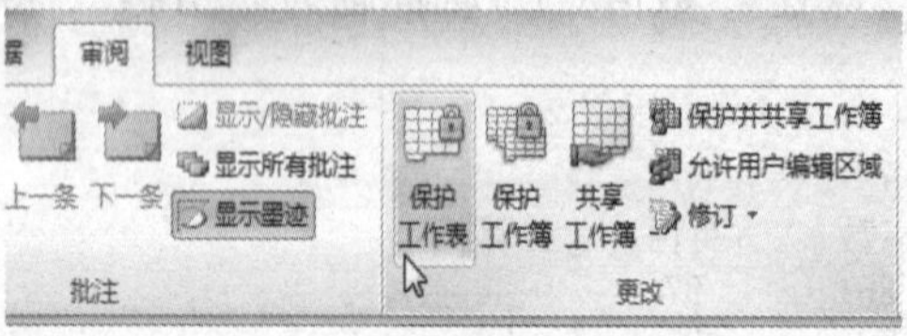

图 3-56　单击“保护工作表”按钮

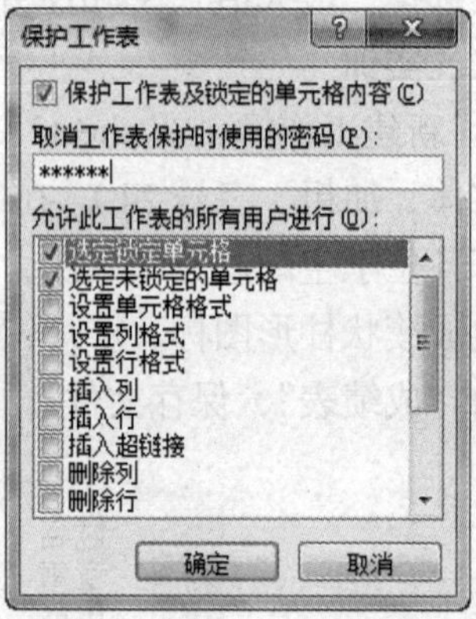

图 3-57　“保护工作表”对话框

② 在“取消工作表保护时使用的密码”框中，输入工作表保护密码，如图 3-57 所示。

③ 单击“确定”按钮，提示输入确认密码。输入完成后，单击“确定”按钮。当再次打开该工作表时，即提示文档已被保护，无法修改。

（2）保护工作簿的结构不被更改

① 在“审阅”→“更改”选项组中单击“保护工作簿”按钮。

② 打开“保护结构和窗口”对话框，分别选中“结构”复选框和“窗口”复选框，在“密码”文本框中输入一个密码。

③ 单击“确定”按钮，接着在打开的“确认密码”对话框中重新输入一遍密码，单击“确定”按钮。保存工作簿，即可完成设置。

（3）加密工作簿

如果不希望他人打开某工作簿，则可以对该工作簿进行加密。设置加密后，只有输入正确的密码才能打开工作簿。

① 工作簿编辑完成后，单击“文件”→“信息”标签，在右侧单击“保护工作簿”下拉按钮，在下拉菜单中选择“用密码进行加密”选项。

② 打开“加密文档”对话框，在“密码”文本框中输入密码，单击“确定”按钮。

③ 在打开的“确认密码”对话框中重新输入一遍密码，单击“确定”按钮。

④ 打开加密文档，弹出“密码”对话框，输入密码，单击“确定”按钮。

2. 表格打印

（1）设置页面

表格默认的打印方向是纵向的，如果当前表格较宽，纵向打印时不能完成显示出来，则可以设置纸张方向为“横向”，具体操作步骤如下。

① 切换到需要打印的表格中，在“页面布局”→“页面设置”选项组中单击“纸张方向”命令按钮，从打开的下拉菜单中选择“横向”，如图 3-58 所示。

② 切换到“文件”菜单，在打开的下拉菜单中单击“打印”命令，即可在右侧显示出打印预览效果。

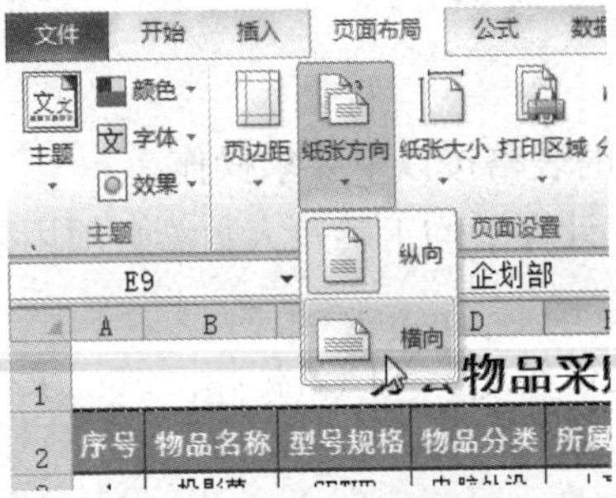

图 3-58　设置纸张方向

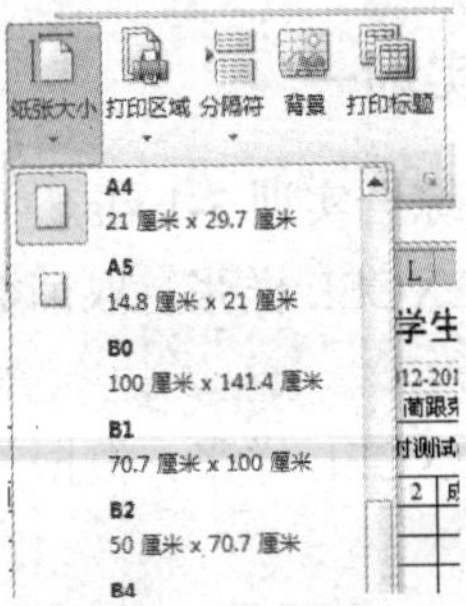

图 3-59　设置纸张大小

③ 如果当前要使用的打印纸张不是默认的 A4 纸，则需要在“页面设置”选项组中单击“纸张大小”命令按钮，从打开的下拉菜单中选择当前使用的纸张规则，如图 3-59 所示。

（2）只打印一个连续的单元格区域

如果只想打印工作表中一个连续的单元格区域，在工作表中选中部分需要打印的内容，在“页面布局”→“页面设置”选项组中单击“打印区域”命令按钮，在打开的下拉菜单中单击“设置为打印区域”命令，建立一个打印区域，单击“文件”→“打印”标签，进入打印预览状态，可以看到当前工作表中只有这个打印区域将会被打印，其他内容不打印。

（3）设置打印份数或打印指定页

在执行打印前可以根据需要设置打印份数。如果工作表包含多页内容，也可以设置只打印指定的页。

切换到要打印的工作表中，依次单击“文件”→“打印”标签，展开打印设置选项。在左侧的“份数”文本框中输入需要打印的份数，在“设置”栏的“页数”文本框中输入要打印的页码或页码范围。设置完成后，单击“打印”按钮，即可开始打印。

三、实训

新建一个工作簿，输入如下数据，保护工作簿和工作表。设置保护密码为“yulinu”，设置为“横向”打印，纸张为 A4 纸。通过设置，使表格的内容打印在 A4 纸的中间，通过打印预览查看设置效果，然后保存文件。

高等院校固定资产情况（单位：元）

年度	类别	文学院	化工学院	信息学院	独立函授学院
2012 年	电教设备	13376.77	10897.94	6499.57	164.73
	图书资料	4676.74	1250.11	542.07	11.97
	试验设备	——	468945.67	29161.67	3887.33
2013 年	电教设备	40130.31	32693.82	19498.71	494.20
	图书资料	14030.22	3750.32	1626.20	35.92
	试验设备	87485.00	397044.00	1406837.00	11662.00

3.3 综合实训

一、综合实训一

打开“综合实训 3-1.xlsx”文件，对 Sheet2 中的表格按以下要求操作。

1. 按 EXCEL 样张，取消数据表中的隐藏行，计算平均工龄及人数（必须用公式对表格进行运算）。

2. 按 EXCEL 样张，根据部门名称对数据表进行排序，部门名称相同的记录根据小组名称排序。

3. 按 EXCEL 样张，统计工龄情况，统计规则如下：工龄>20 为“长”，10<工龄<=20 为“中”，工龄<=10 为“短”（注意：必须用公式对表格进行运算）。（样张中的“#”应为实际数据）

	A	B	C	D	E	F
1	工作证号	姓名	部门	小组	工龄	工龄状态
2	21001	魏明亮	软件	S1	17	#
3	21003	张林艳	软件	S1	10	#
4	21646	丰罡	软件	S1	3	#
5	21684	帆直	软件	S1	9	#
6	21291	洪阳	软件	S1	8	#
7	21257	蔡顿	软件	S1	15	#
8	21002	何琪	软件	S2	16	#
9	21431	杨之凯	软件	S2	8	#
10	21954	温志枫	软件	S2	9	#
11	21254	广浩	软件	S2	12	#
12	21478	解仁晔	销售	Z1	25	#
13	21978	巩固国	销售	Z1	21	#
14	21498	臺国赋	销售	Z1	15	#
15	21841	王开东	销售	Z1	15	#
16	21651	区敏非	销售	Z1	11	#
17	21963	巫擎	销售	Z1	6	#
18	21975	艾彤	销售	Z1	17	#
19	21688	郑鸥艳	销售	Z1	8	#
20	21760	左鹏飞	销售	Z2	17	#
21	21465	任建兴	销售	Z2	20	#
22	21456	龙昌虹	销售	Z2	12	#
23	21957	贝桑	销售	Z2	24	#
24	21498	桑鑫	销售	Z2	4	#
25	21615	董潆烈	销售	Z2	9	#
26	21213	韦啸天	硬件	H1	8	#
27	21631	狄荡来	硬件	H1	1	#
28	21861	谢空	硬件	H1	17	#
29	21319	邢月方	硬件	H2	5	#
30	21542	孔广森	硬件	H2	23	#
31	21524	李孟放	硬件	H2	14	#
32	平均工龄				##.##	
33	人数				##	

二、综合实训二

打开“综合实训 3-2.xlsx”文件，对 Sheet1 中的表格按以下要求操作。

1. 按 EXCEL 样张，设置表格标题，为隶书、28 磅、粗体，在 A1:G1 区域中跨列居中，并设置表格的边框线和数值显示格式。

2. 按 EXCEL 样张，隐藏“西安”行，计算合计、销售总额、毛利 =（销售总额*利润率）隐藏行不参加运算。（注意：必须用公式对表格中的数据进行运算和统计）

3. 按 EXCEL 样张，在 A14：G26 区域中生成图表，图表中所有文字大小均为 10 磅，图表区加带阴影的圆角边框，并设置背景：单色、浅绿色、水平底纹样式的过渡填充效果。（图中的“#”应为实际数据）

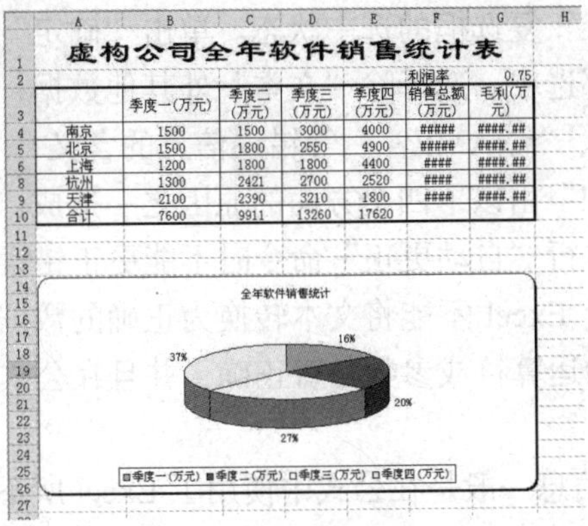
虚构公司全年软件销售统计表

					利润率	0.75
	季度一(万元)	季度二(万元)	季度三(万元)	季度四(万元)	销售总额(万元)	毛利(万元)
南京	1500	1500	3000	4000	#####	####.##
北京	1500	1800	2550	4900	#####	####.##
上海	1200	1800	1800	4400	####	####.##
杭州	1300	2421	2700	2520	####	####.##
天津	2100	2390	3210	1800	####	####.##
合计	7600	9911	13260	17620		

3.4 常见错误和难点分析

1. 工作表的命名

双击要重新命名的工作表标签 Sheet1，这时候标签上的 sheet1 变为 Sheet1 状态，这时候输入要重新命的名称，按<Enter>键即可。

2. 工作表隐藏后找不到

在选定的工作表上右击，弹出对话框。如果有隐藏的工作表，这时候“取消隐藏”显示为可操作状态。点击“取消隐藏”，取消要隐藏的工作表即可。当然要隐藏工作表时，点“隐藏”则选定的工作表成为隐藏状态。

3. 冻结窗格方便查看

如果列数和行数都比较多，一旦向下滚屏，则上面工作表的标题行也跟着滚动。在处理数据时往往难以分清各列数据对应的标题，影响数据的核对。这时就可以使用工作表窗口的冻结功能将列标题或行标题冻结起来，以保持工作表的某一部分在其他部分滚动的时候可以看见。冻结工作表的具体操作如下：

打开要冻结的工作表，选中要进行冻结的位置，如上例中选择 A3 单元格，选择“视图”→“冻结窗格”→“冻结拆分窗格”。

4. 一次设置工作表所有的行高、列宽

当单元格输入的内容过多时，可以根据输入的内容自动调整行高和列宽，这里主要介绍 2 种调整方法：

① 通过快捷菜单调整。选中要调整的多行或多列，在选中的行标上右击，选中弹出菜单中的“行高”，在弹出的对话框中输入要设置的行高。

② 通过鼠标调整。选中所要调整的行后，将鼠标放置在要调整的行标的下边线，当光标变成╪时，向下拖动鼠标即可增加行高，同时显示具体高度值 高度: 15.75 (21 像素) 。

要调整列宽，也可以按照这种方法调整。将鼠标放置在列表的右边线，当光标变成✛时，向右拖动鼠标时可增加列宽。

5. 快速选择“文本”型数据

要快速选择工作表中的“文本”型数据，可以将鼠标定位于 A1 单元格中，按下<F5> 键，即可打开定位对话框，点击“定位条件”按钮，在打开的对话框中选择“常量”选项，并取消“数字”、“逻辑值”、“错误”复选框的选中状态。单击“确定”返回工作表，则将工作表中的全部“文本”型数据全部选中。选择除“文本”外其他数据，也可以使用这种方法。

6. Excel 中“#VALUE!”、“#NAME？”等错误信息的含义

出现错误信息“#VALUE!”由以下四个方面的原因之一造成：一是参数使用不正确；二是运算符使用不正确；三是执行“自动更正”命令时不能更正错误；四是当在需要输入数字或逻辑值时输入了文本，由于 Excel 不能将文本转换为正确的数据类型，也会出现该提示。这时应确认公式或函数所需的运算符或参数是否正确，并且在公式引用的单元格中包含有效的数值。

出现“#NAME？”错误信息一般是在公式中使用了 Excel 所不能识别的文本，比如：使用了不存在的名称。解决的方法是：单击“插入→名称→定义”命令，打开“定义名称”对话框。如果所需名称没有被列出，在“在当前工作薄的名称”文本框中输入相应的名称，单击“添加”按钮将其添加，再单击“确定”按钮即可。

出现“#NUM!”错误信息是当函数或公式中使用了不正确的数字时将出现错误信息“#NUM!”。这时应确认函数中使用的参数类型的正确性，然后修改公式，使其结果在-10307到+10307 范围内即可。

出现“#DIV/0!”错误信息。若输入的公式中的除数为 0，或在公式中除数使用了空白单元格，或包含零值单元格的单元格引用，就会出现错误信息“#DIV/0!”。只要修改单元格引用，或者在用作除数的单元格中输入不为零的值即可解决问题。

第四章 PowerPoint 2010 演示文稿

4.1 知识要点

1. PowerPoint 2010

PowerPoint 是美国微软公司出品的办公软件系列重要组件之一，它是功能强大的演示文稿制作软件，可协助用户独自或联机创建永恒的视觉效果。PowerPoint 2010 与以前的版本相比，增加了许多新功能：

① 在主题获取上更加丰富。除了内置的几十款主题之外，还可以直接下载网络主题。极大地扩充了幻灯片的美化范畴的同时，还在操作上也变得更加便捷。

② 广播幻灯片是 PowerPoint 2010 中新增加的一项功能。该功能允许其他用户通过互联网同步观看主机的幻灯片播放，类似于电子教室中经常使用的视频广播等应用。

③ 增加了“切换”标签与“动画”标签分别负责“换页”、“对象”的动画设置。

④ “录制演示”功能强化了“排练计时”，大大提高了新版幻灯片的互动性。

⑤ 音/视频编辑功能可以很容易地对已插入影音执行修正，还可以预览影像。

⑥ 制作图形时，可使用不同的组合形式。

⑦ 针对不同应用环境提供文档压缩功能，对包含大量图片的幻灯片效果尤其明显。

2. 演示文稿视图

视图是工作的环境，每种视图按自己不同的方式显示和加工文稿。在一种视图中对文稿进行的修改，会自动反映在其他视图中。PowerPoint 2010 在视图选项标签下的“演示文稿视图”选项组中横排的四个视图按钮，分别是普通视图、幻灯片浏览视图、备注页视图和阅读视图，利用它们可以在各视图间切换。

① 普通视图。在该视图中或可以输入，查看每张幻灯片的主题、小标题以及备注，并且可以移动幻灯片图像和备注页方框，或改变它们的大小。

② 幻灯片浏览视图。在这个视图可以同时显示多张幻灯片，也可以看到整个演示文稿，因此可以轻松的添加、删除、复制和移动幻灯片。

③ 备注页视图。可以输入演讲者的备注。幻灯片下方带有备注页，可以在备注页输入备注文字。

④ 阅读视图。相当于放映视图。

3. 母版和版式

母版是指存储有关应用的设计模板信息的幻灯片，包括字形、占位符的大小、位置、背景设计和配色方案，以及标题样式和文本样式。母版主要有幻灯片母版、讲义母版和备注母版。版式包括文字版式和内容版式，是利用“占位符”在幻灯片上安排的元素的相对位置来区分，默认母版中的版式有 12 种。

4. 动画和切换效果

动画效果是PowerPoint功能中的重要部分，使用动画效果可以制作出栩栩如生的幻灯片。在 PowerPoint 2010 中可以创建包括进入、强调、退出以及路径等不同类型的动画效果，还可以在动画窗格中设置动画的播放时间等高级动画效果。切换效果是指演示文稿中各幻灯片在放映的时候页面的切换效果，如出现的方式、速度等，主要有细微型、华丽型和动态内容三种，通过“效果选项”和“计时”可以设置很多个性化的切换效果。

5. 超链接

使用超链接可以从当前幻灯片转到当前演示文稿的其他幻灯片或其他演示文稿、文件以及网站等。幻灯片中的对象加上超链接后，当鼠标移动到该对象上时，将出现超链接的标志（小手状），单击该对象则激活超链接，跳转到超链接的对象上。超链接主要有“现有文件或网页”、“本文档中的位置”、“新建文档”、和“电子邮件地址”四类链接对象。

6. 幻灯片放映

制作好演示文稿后，就可以对演示文稿进行放映，并检查制作过程中有无出现问题。

① 放映幻灯片有四种选择，分别是：“从头开始”、“从当前幻灯片开始”、“广播放映”和“自定义幻灯片放映”。

② 通过“幻灯片放映”→“设置”选项组单击“设置幻灯片放映”按钮，可以根据需要设置放映方式，还可以排练计时、录制幻灯片演示，将演示过程中每张幻灯片所用的时间、旁白以及激光笔等记录下来。

③ 幻灯片放映的控制可以通过鼠标和键盘来实现。

在放映过程中，右键单击屏幕会弹出一个快捷菜单，单击其中的命令可以控制放映的过程。常用的控制放映的按键有→键、↓键、空格键、Enter 键、Page Up 键、←键、↑键、Backspace 键，Page Down 键、Esc 键、输入数字然后按 Enter 键等。

④ 放映幻灯片时使用绘图笔

在演示文稿放映过程中，单击鼠标右键，弹出演示快捷菜单。从中获取一些很有用的操作，比如为幻灯片添加墨迹、更改绘图笔颜色等。

7. 演示文稿的打包与打印

① 在演示文稿的设计制作放映准备完成后，用户可以将演示文稿打包成 CD 便于携带，还可以打包成视频、PDF/XPS、讲义等。

② 在 PowerPoint 2010 中文版中有许多内容可以打印，例如幻灯片、讲演者备注等。在打印的时候可以设置页面、设置是否彩色打印、打印讲义幻灯片等。

4.2 实验及解题思路

实验一：PowerPoint 2010 基本操作

一、实验目的

① 掌握创建、保存和退出等基本操作。

② 会使用母版的设计幻灯片。

③ 掌握 PowerPoint 文本编辑和美化的基本操作。

二、实验内容

1. PowerPoint 2010 创建、保存和退出

（1）PowerPoint 文档的新建

① 使用样本模板创建新。打开 PowerPoint 程序，可以根据内置样本新建演示文稿。单击“文件”→“新建”标签，在左侧单击“样本模板”按钮。打开样本模板，选择需要创建的样本，单击“创建”按钮即可新建文档。

② 下载 Office Online 上的模板。单击“文件”→“新建”标签，在“Office.com 模板”区域单击“内容幻灯片”按钮，在内容幻灯片下选择需要的模板，单击“下载”按钮即可新建文档。

（2）PowerPoint 文档的保存

单击“文件”→“保存”标签。如文档文件保存过，则直接保存；如还没有保存过，在弹出的“另存为”对话框，为文档设置保存路径和保存类型，单击“保存”按钮即可。

（3）PowerPoint 文档的退出

打开 Microsoft Office PowerPoint 2010 程序后，单击程序右上角的关闭按钮可快速退出主程序。 或者从 Backstage 视窗退出，打开 Microsoft Office PowerPoint 2010 程序后，单击“文件”→“退出”标签，即可关闭程序。

2. 母版设计

（1）快速应用内置主题

在幻灯片中，在“设计”→“主题”选项组单击按钮，在展开的下拉菜单中选择适合的主题，如图 4-1 所示，即可应用于当前幻灯片中。

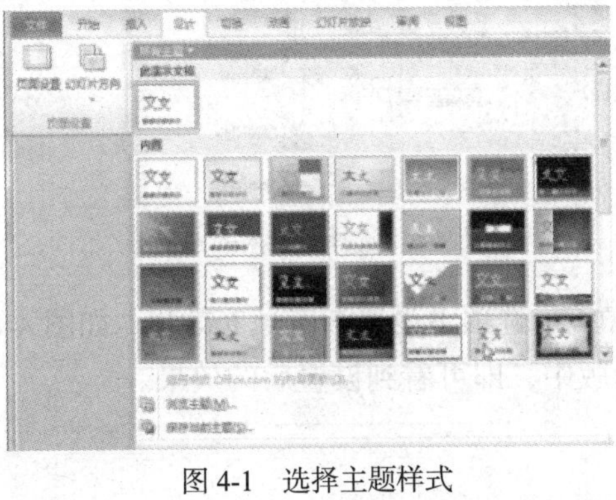

图 4-1　选择主题样式

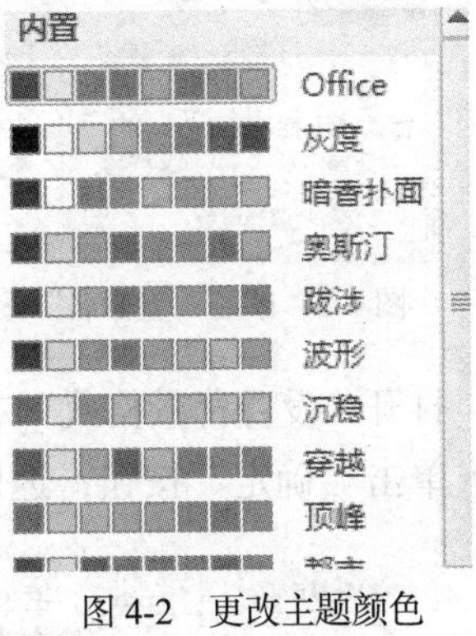

图 4-2　更改主题颜色

（2）更改主题颜色

在“设计”→“主题”选项组中单击“颜色”下拉按钮，在其下拉菜单中选择适合的颜色，选择适合的主题颜色后，即可更改主题颜色，如图 4-2 所示。

（3）插入、重命名幻灯片母版

① 插入母版。在幻灯片母版视图中，选中要设置的文本，在“视图”→“母版视图”选项组单击“幻灯片母版”按钮，进入幻灯片母版界面。在“编辑母版”选项组中单击“插入幻灯片母版”按钮，如图 4-3 所示。插入幻灯片母版之后，具体效果如图 4-4 所示。

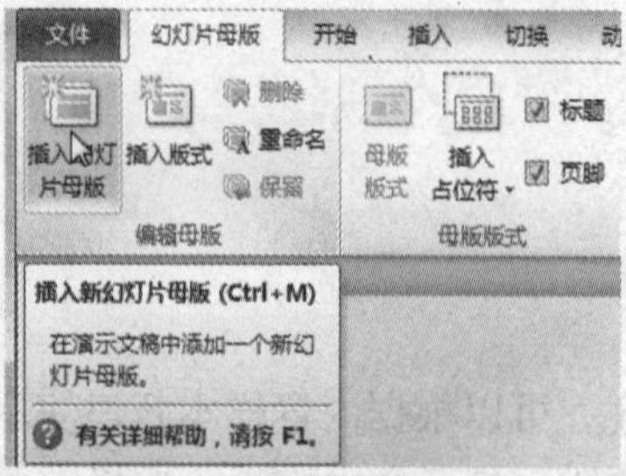

图 4-3 单击“插入幻灯片母版”按钮

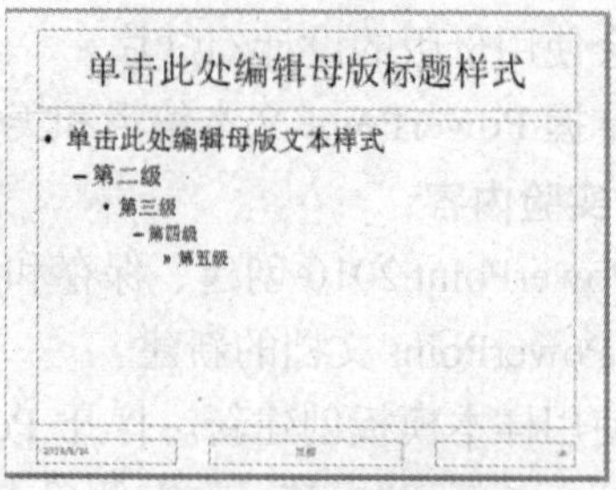

图 4-4 插入母版后效果

② 重命名母版。在“编辑母版”选项组中单击“重命名”按钮，如图 4-5 所示。打开“重命名版式”对话框，在“版式名称”文本框中输入名称，单击“重命名”按钮即可。

（4）修改母版版式

在“幻灯片母版”→“母版版式”选项组中单击“插入占位符”下拉按钮，在下拉菜单中选择“图片”命令，如图 4-6 所示，在母版中绘制，即可看到插入了图片占位符。

（5）设置母版背景

① 在“幻灯片母版”→“背景”选项组单击“背景样式”下拉按钮，在下拉菜单中选择“设置背景格式”命令，如图 4-7 所示。

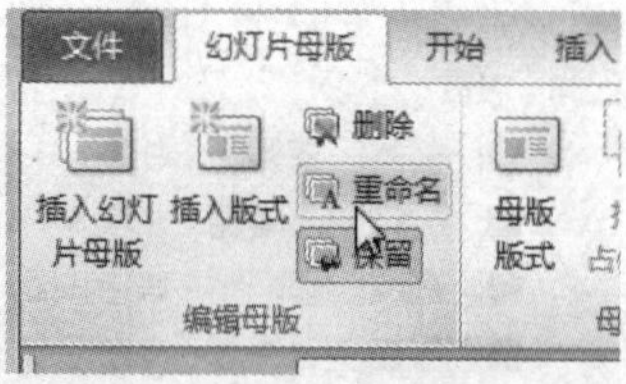

图 4-5 单击“重命名”按钮

图 4-6 选择要插入的占位符

② 打开“设置背景格式”对话框，在“填充”选项下设置渐变填充效果，如图 4-8 所示。

③ 单击“确定”按钮，返回到幻灯片母版中，即可看到设置后的效果。

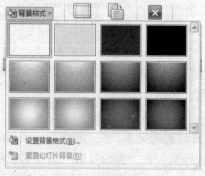

图 4-7 选择“设置背景格式”命令

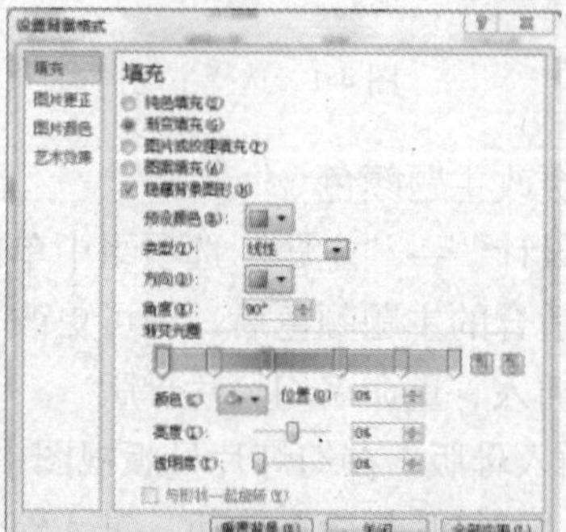

图 4-8 应用设置好的背景格式

3. 文本的编辑与设置

（1）添加艺术字

在“插入”→“文本”选项组单击“艺术字”下拉按钮，在下拉菜单中选择一种适合的艺术字样式，如图 4-9 所示，此时系统会在幻灯片中添加一个艺术字的文本框，在文本框中输入文字会自动套用艺术字样式。

（2）设置字符间距

选择需要设置间距的文本，在“开始”→“字体”选项组单击“字符”下拉按钮，在下拉菜单中选择“其他间距”命令，如图 4-10 所示。

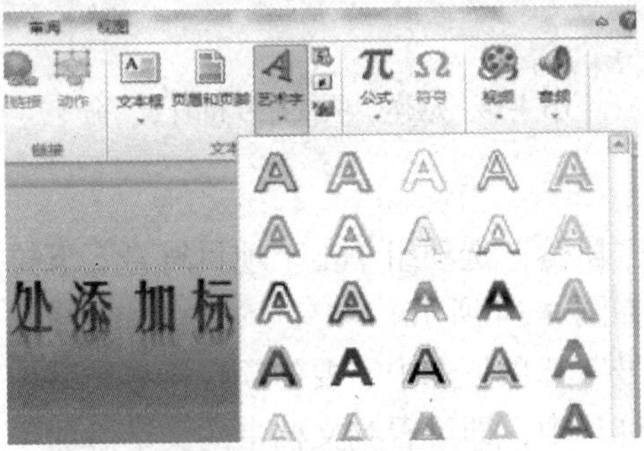

图 4-9　选择艺术字样式

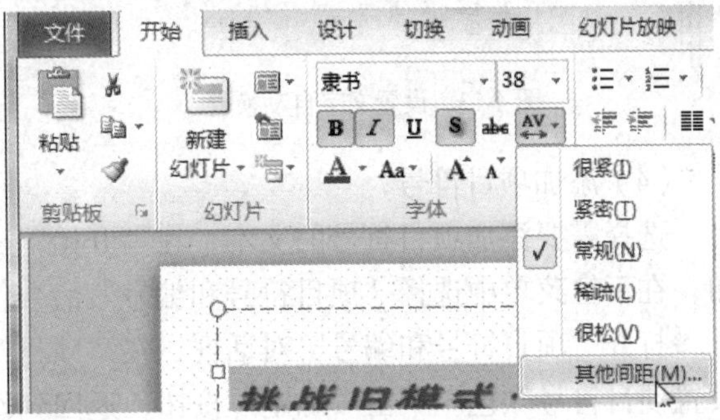

图 4-10　选择“其他间距”命令

打开“字体”对话框，在“间距”文本框下拉菜单中选择“加宽”，接着在“度量值”文本框输入“10”，单击“确定”按钮，即可将调整字符间距，如图 4-11 所示。

（3）设置文本框内容自动换行

选中文本框，在“开始”→“段落”选项组中单击“文字方向”下拉按钮，在下拉菜单中选择“其他选项”命令，如图 4-12 所示。

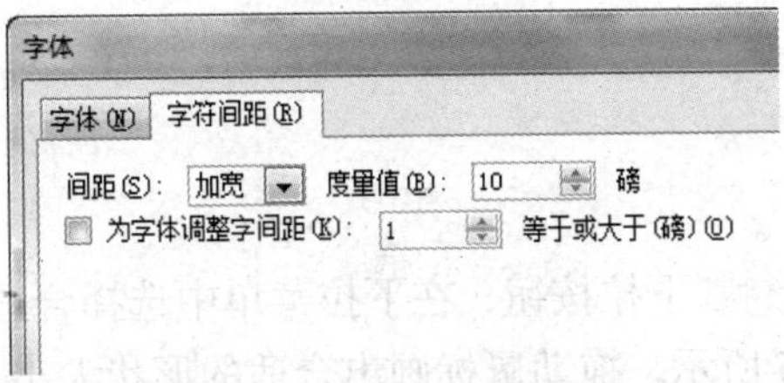

图 4-11　设置字符间间距

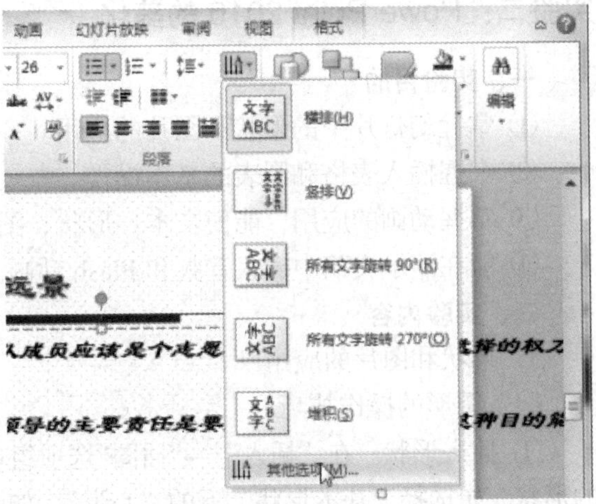

图 4-12　选择“其他选项”命令

打开“设置文本效果”对话框，在“文本框”选项下选中“形状中的文字自动换行”复选框，如图 4-13 所示，单击“确定”，返回到幻灯片中，即可看到文档中的文字自动换行。

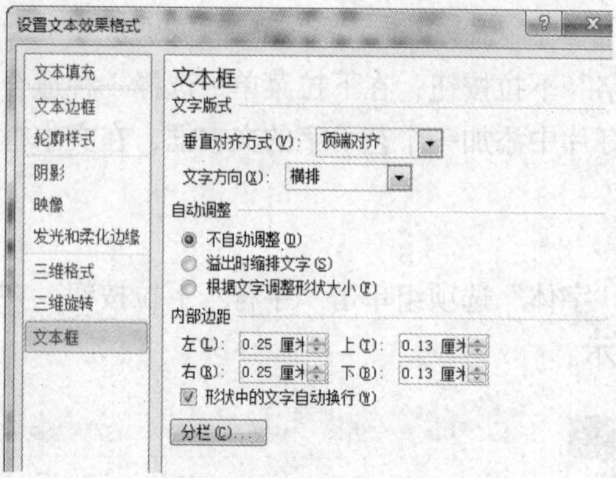

图 4-13　设置文字自动换行

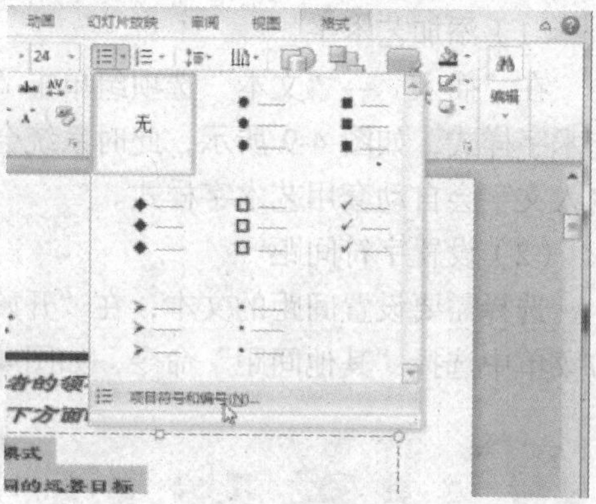

图 4-14　选择“项目符号和编号”命令

（4）添加项目符号

选择需要添加项目符号的文本，在“开始”→“段落”选项组单击“项目符号”下拉按钮，在下拉菜单中选择“项目符号和编号”命令，如图 4-14 所示。

打开“项目符号和编号”对话框，在“项目符号”选项下选中需要的项目符号类型，并设置项目符号颜色。单击“确定”按钮，返回到幻灯片中，即可看到文档中的文字添加项目符号。

三、实训

利用“空演示文稿”建立演示文稿，通过母版设置演示文稿的基本布局，选择合适的主题和颜色，建立一个具有 10 张幻灯片的自我介绍演示文稿，第 1 张幻灯片为封面，第 2 张幻灯片为基本情况，第 3 张幻灯片为个人简历，第 4 张幻灯片为个人爱好，第 5 张幻灯片为我的格言……最后设置字符的间距和项目符号与编号，完成后保存文档。

实验二：PowerPoint 2010 的美化

一、实验目的

① 掌握幻灯片中的形状和图片的应用。

② 掌握插入表格和图表的基本操作。

③ 掌握动画的应用，能使文本、形状、图像、图表或其他对象具有动画效果。

④ 能在演示文稿中插入音频和 Flash 动画。

二、实验内容

1. 形状和图片的应用

（1）图形的操作技巧

① 插入形状。在“插入”→“插图”选项组单击“形状”下拉按钮，在下拉菜单中选择合适的形状，如选择“基本形状”下的“心形”，如图 4-15 所示。拖动鼠标画出合适的形状大小，完成形状的插入。

② 设置形状填充颜色。选中形状，在右键菜单中选择“设置形状格式”命令。打开“设置形状格式”对话框，单击“颜色”右侧下拉按钮，在下拉菜单中选择适合的颜色，如图 4-16 所示。单击“确定”按钮，即可更改形状的填充颜色。

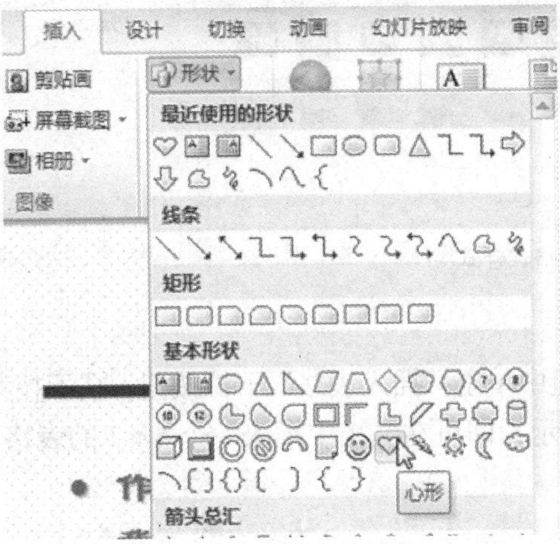

图 4-15　选择形状样式

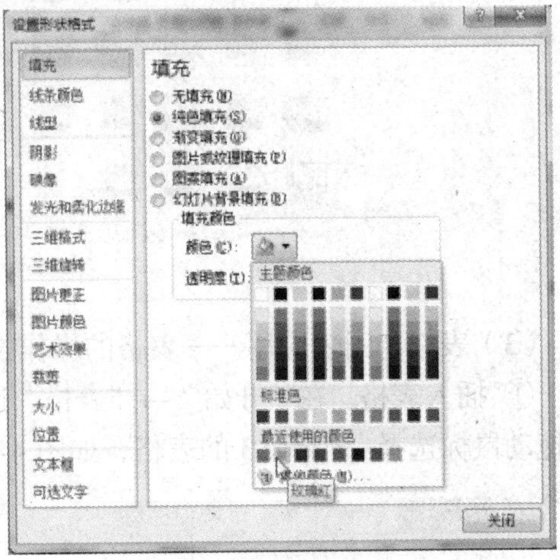

图 4-16　选择填充颜色

③ 在形状中添加文字。选中形状，在右键菜单中选择“编辑文字”命令，如图 4-17 所示。此时系统在形状中添加光标，输入文字即可，可以在“字体”选项组中设置文字格式。

（2）图片的操作技巧

① 插入电脑中的图片。将光标定位在需要插入图片的位置，在“插入”→“插图”选项组中单击“图片”按钮，打开“插入图片”对话框；选择图片位置再选择插入的图片，单击“插入”按钮。单击“确定”按钮，即可插入电脑中的图片。

② 图片位置和大小调整。插入图片后选中图片，当光标变为形状时，拖动鼠标即可移动图片。将鼠标定位到图片控制点上，当光标变为形状时，拖动鼠标即可更改图片大小。

③ 更改图片颜色。在“图片工具”→“格式”→“调整”选项组中单击“颜色”下拉按钮，在下拉菜单中选择“冲蚀”。此时即可重新设置图片颜色，效果如图 4-18 所示。

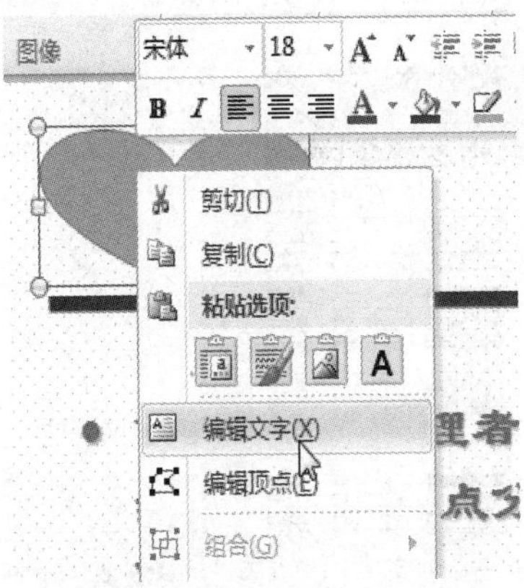

图 4-17　选择“编辑文字”命令

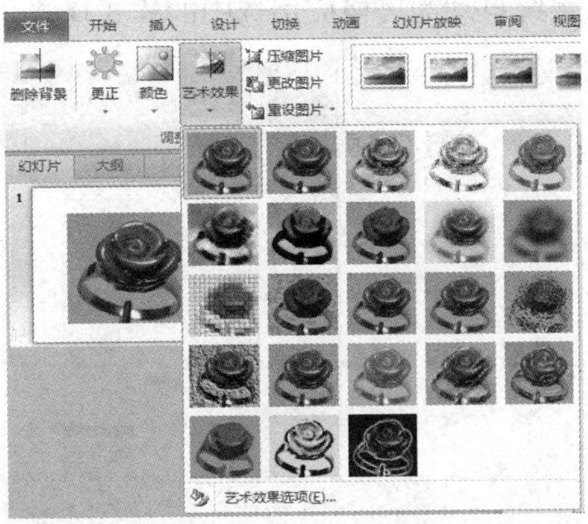

图 4-18　重新更改颜色

④ 设置图片格式。在“图片工具”→“格式”→“图片样式”选项组中单击按钮，在下拉菜单中选择一种合适的样式，如图 4-19 所示。单击该样式可将效果应用到图片中，完成外观样式的快速套用。

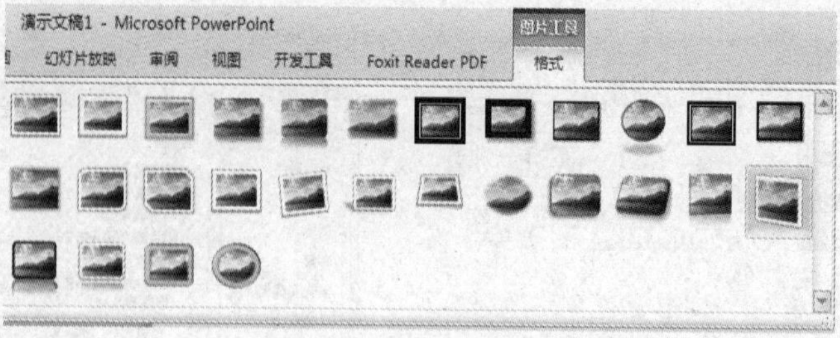

图 4-19　选择格式样式

（3）表格和图表应用——表格的操作技巧

① 插入表格。在“开始”→“表格”选项组中单击“插入表格”下拉按钮，在下拉菜单中拖动鼠标选择一个 5×3 的表格，如图 4-20 所示，即可在文档中插入一个 5×3 的表格。

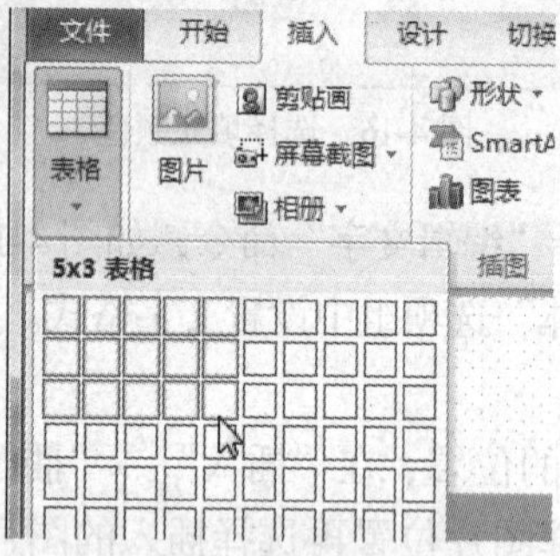

图 4-20　选择表格行列数

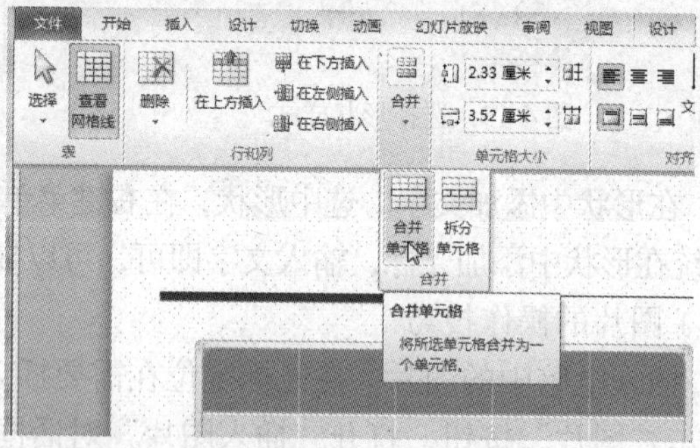

图 4-21　选单击“合并单元格”按钮

② 合并单元格。选择第一行要合并的单元格，在“表格工具”→“布局”→“合并”选项组中单击“合并单元格”按钮，如图 4-21 所示，此时即可将第一行所有单元格合并成一个单元格。

③ 套用表格样式。单击表格任意位置，在“表格工具”→“设计”→“表格样式”选项组单击按钮，在下拉菜单中选择要套用的表格样式，如图 4-22 所示，选择套用的表格样式后，系统自动为表格应用选中的样式格式。

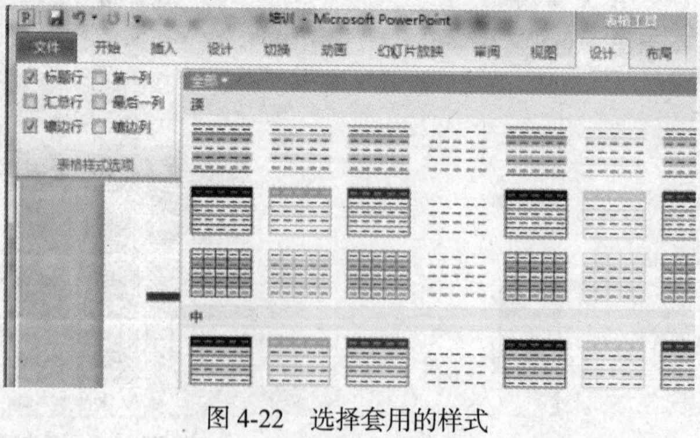

图 4-22　选择套用的样式

（4）表格和图表应用——图表的操作技巧

① 插入图表。在“插入”→“图表”选项组中单击“图表”按钮，打开“插入图表”对话框，在左侧单击“饼图”，在右侧选择一种图表类型，如图 4-23 所示。

此时系统会弹出 Excel 表格，并在表格中显示了默认的数据，将需要创建表格的 Excel

数据复制到默认工作表中，如图 4-24 所示，系统自动根据插入的数据源创建饼图。

② 添加标题。在“图表工具”→“布局”→“标签”选项组中单击“图表标题”下拉按钮，在下拉菜单中选择“图表上方”命令，如图 4-25 所示，此时系统会在图表上方添加一个文本框，在文本框中输入图表标题即可。

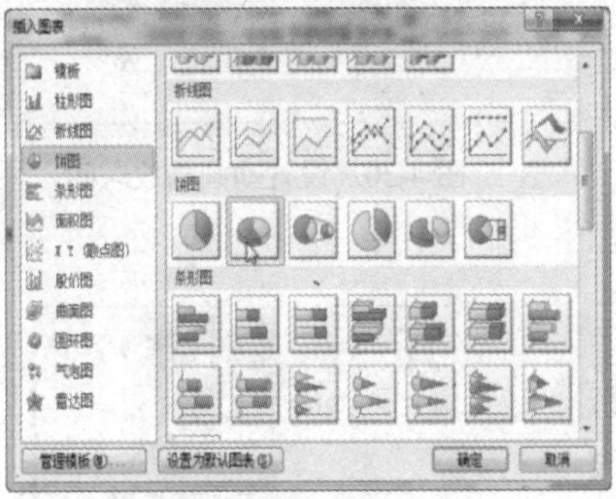

图 4-23　单击“图表”按钮

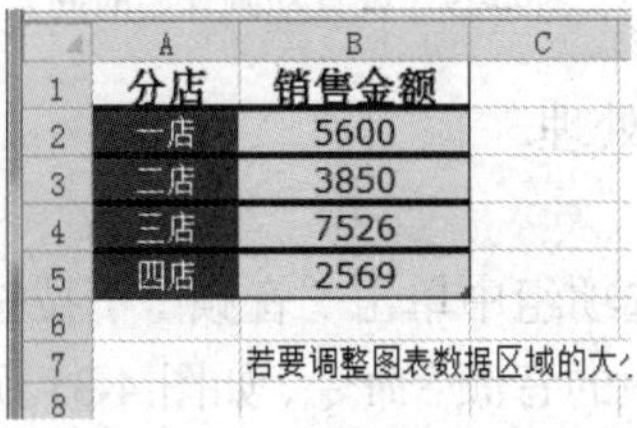

图 4-24　更改数据源

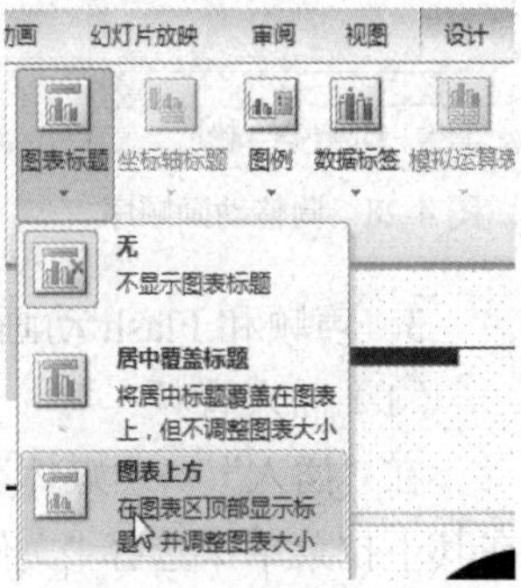

图 4-25　选择标题样式

2. 动画的应用

① 创建进入动画。选中要设置进入动画效果的文字，在“动画”→“动画”选项组单击按钮，在下拉菜单中“进入”栏下选择进入动画，如“跳转式由远及近”，如图 4-26 所示。添加动画效果后，文字对象前面将显示动画编号1标记。

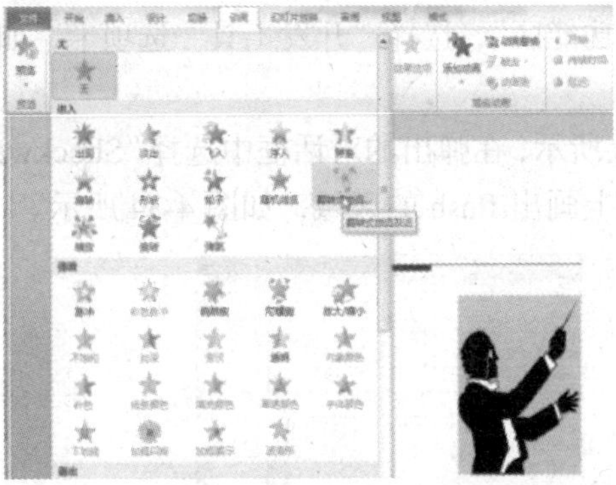

图 4-26　选择“进入”动画

图 4-27　选择“强调”动画

② 创建强调动画。选中要设置强调动画效果的文字，在“动画”→“动画”选项组单击按钮，在下拉菜单中“强调”栏下选择进入动画，如“补色”，如图 4-27 所示。在预览时，可以看到文字颜色发生变化。

③ 创建退出动画。选中要设置强调动画效果的文字，在“动画”→“动画”选项组单击按钮，在下拉菜单中选择“更多退出效果”命令。打开“更多退出效果”对话框，选中需要设置的退出效果，单击“确定”按钮，即可完成设置。

④ 调整动画顺序。在“动画”→“高级动画”选项组中单击“动画窗格”按钮，在右侧打开动画窗格，如图 4-28 所示，单击和按钮调整动画顺序。

⑤ 设置动画时间。在“动画”→“计时”选项组单击“开始”文本框右侧下拉按钮，在下拉菜单中选择动画所需计时，如图 4-29 所示。在“动画”→“计时”选项组单击“持续时间”文本框右侧微调按钮，即可调整动画需要运行的时间，如图 4-30 所示。

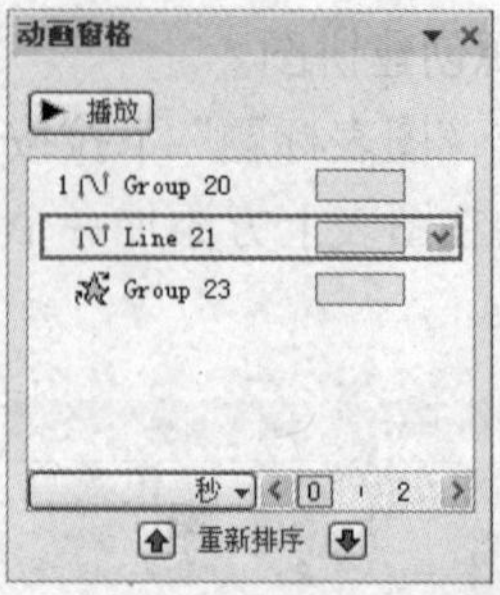

图 4-28 调整动画顺序

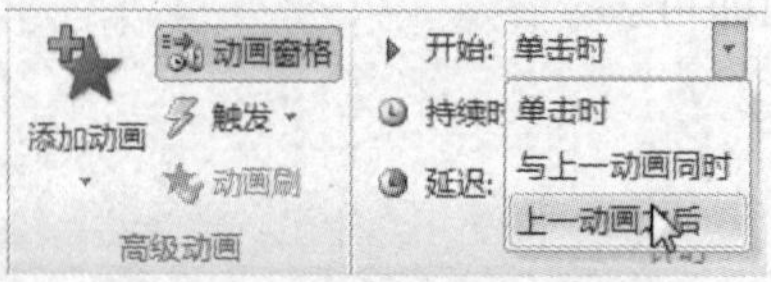

图 4-29 设置动画开始时间

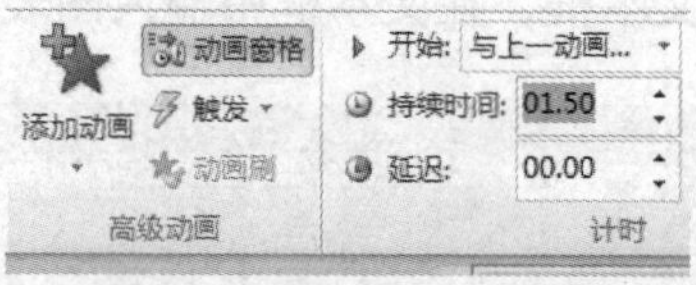

图 4-30 设置动画播放时间

3. 声频和 Flash 动画的处理

（1）插入音频

在“插入”→“媒体”选项组中单击“音频”下拉按钮，在其下拉菜单中选择“文件中的音频”命令，如图 4-31 所示。在打开的“插入音频”对话框中选择合适的音频，单击“插入”按钮，即可在幻灯片中插入音频。

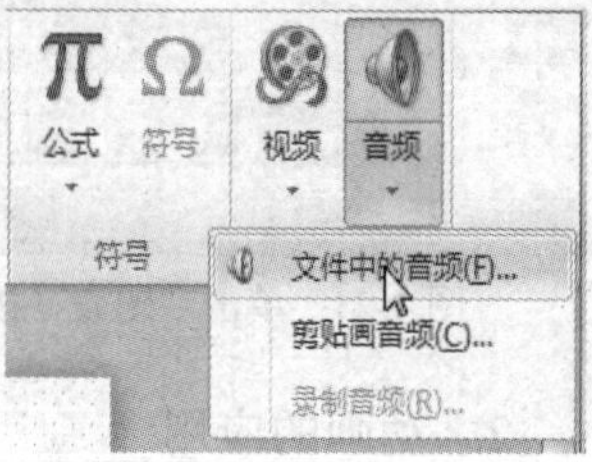

图 4-31 选择插入音频样式

（2）播放音频

在幻灯片中单击“播放/暂停”按钮，即可播放音频，在“音频工具”→“播放”→“预览”选项组单击“播放”按钮，也可播放音频。

（3）插入 Flash 动画

在“文件”→“选项”选项组中单击“自定义功能区”，选择“开发工具”选项卡，如图 4-32 所示，调出“开发工具”菜单。

在开发工具菜单中选择“其他控件”，如图 4-33 所示，在弹出的对话框中选择“Shockwave Flash Object”控件，这时候鼠标变成+，在幻灯片上画出 flash 的区域，如图 4-34 所示。

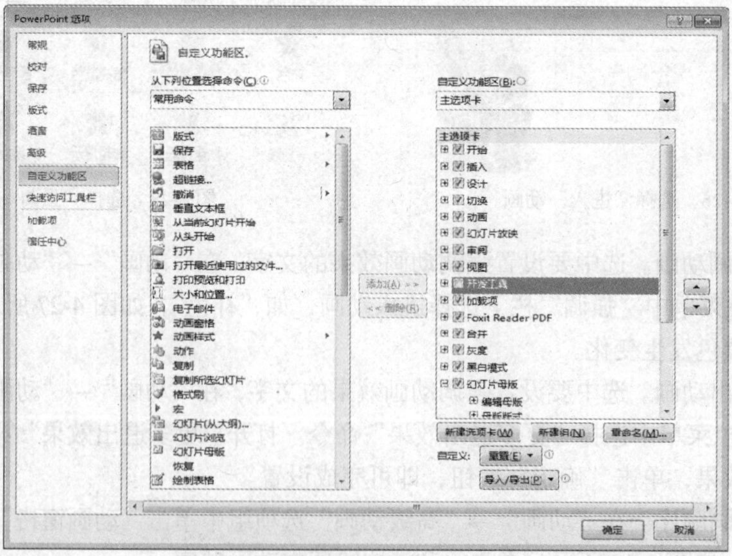

图 4-32 选择“开发工具”选项卡

右击播放区域，选择“属性”，在弹出的“属性”窗口中设置 Movie 属性为 Flash 所在位置的相对地址，如图 4-35 所示。关闭属性窗口，全屏播放幻灯片即可看到 flash。

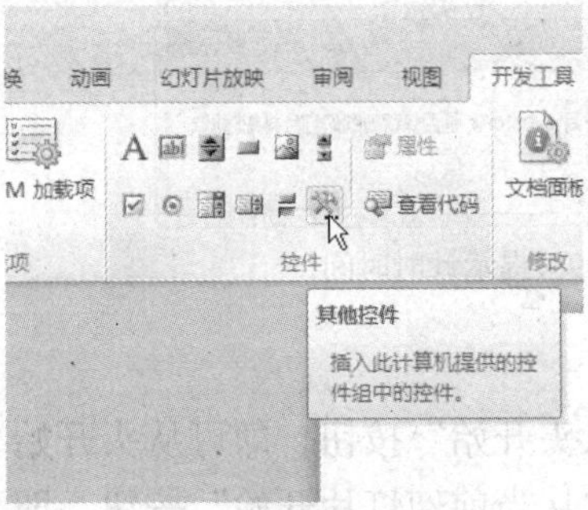

图 4-33　选择其他控件

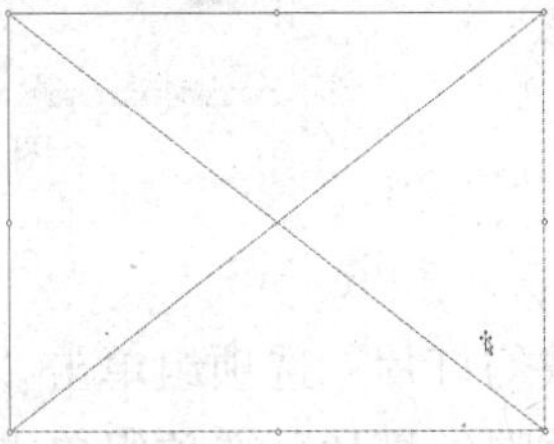

图 4-34　Flash 动画播放区域

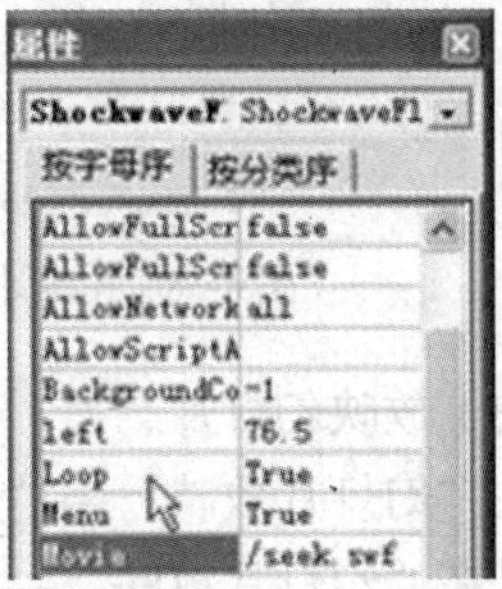

图 4-35　Shockwave Flash Object 属性

三、实训

对“实验一”完成的作品进一步美化完善，需要添加“表格”、“图形图像”、“音频”、“视频”等内容，设置动画并保存文件。

实验三：PowerPoint 的设置与发布

一、实验目的

① 对放映方式进行设置，排练放映时间，确保幻灯片的正常放映。

② 对幻灯片添加密码来进行保护。

③ 将制作好的演示文稿保存为图片和 PDF 等其他文件格式。

二、实验内容

1. PowerPoint 的放映设置

（1）设置幻灯片的放映方式

在“幻灯片放映”→“设置”选项组单击“设置幻灯片放映”按钮，如图 4-36 所示。打开“设置放映方式”对话框，在“放映类型”区域选中“观众自行浏览”单选按钮，如图 4-37 所示，单击“确定”按钮，即可更改幻灯片的放映类型。

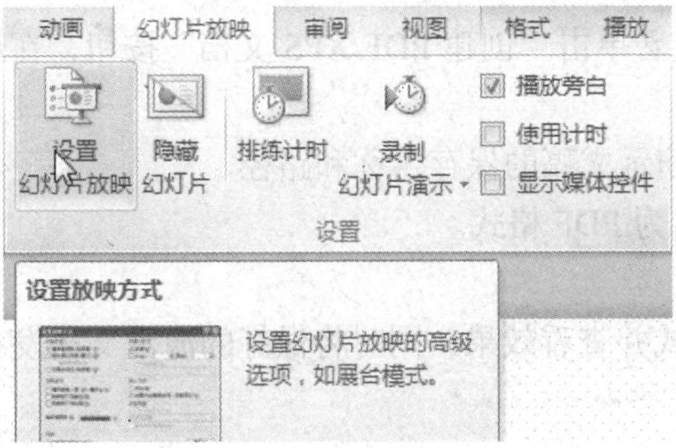

图 4-36　设置幻灯片放映

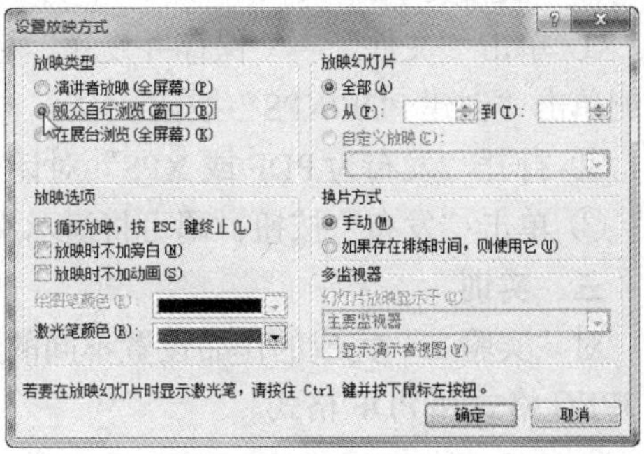

图 4-37　选择放映方式

（2）设置放映的时间

在“幻灯片放映”→“设置”选项组单击“排练计时”按钮，图 4-38 所示，随即幻灯片进行全屏放映，在其左上角会出现“录制”对话框。

录制结束后弹出“Microsoft PowerPoint”对话框，单击“是”按钮即可，图 4-39 所示。

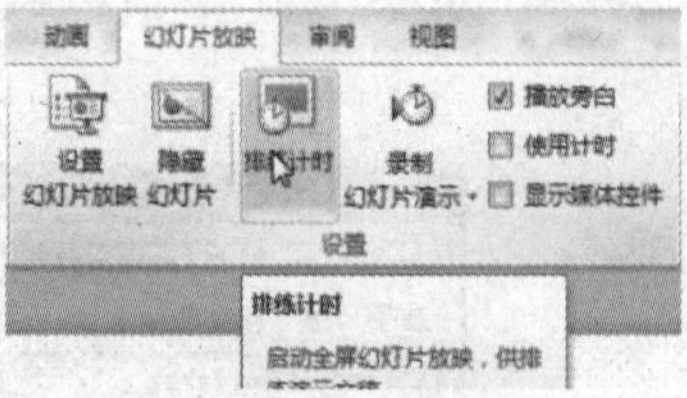

图 4-38　排练计时

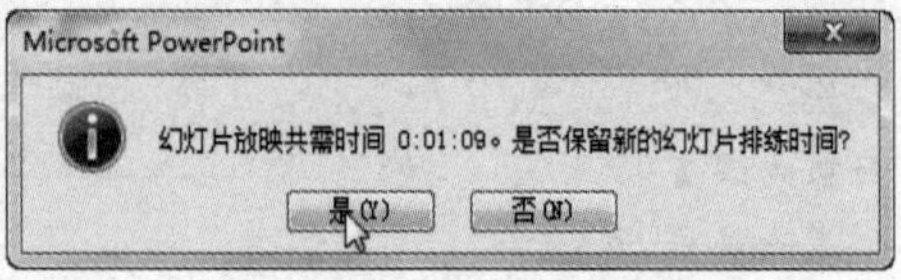

图 4-39　提示计时时间

（3）放映幻灯片

在“幻灯片放映”→“开始放映幻灯片”选项组单击“从头开始”按钮，即可从头开始放映，在“幻灯片放映”→“开始放映幻灯片”选项组单击“从当前幻灯片开始”按钮，即可从当前所在幻灯片开始放映。

2. PowerPoint 的安全设置

单击“文件”→“信息”标签，在右侧窗格单击“保护演示文稿”下拉按钮，在其下拉菜单中选择“用密码进行加密”命令，如图 4-40 所示。

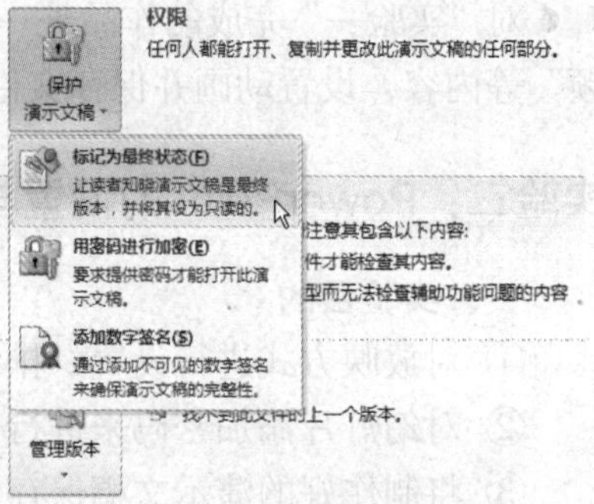

图 4-40　选择保护方式

打开“加密文档”对话框，在“密码”文本框中输入密码，单击“确定”按钮。打开“确认密码”对话框，在“重新输入密码”文本框中再次输入设置的密码，单击“确定”按钮。

关闭演示文稿后，再次打开演示文稿时，系统会提示先输入密码，如若密码不正确则不能打开文档。

3. PowerPoint 的输出与发布

（1）输出为 JPGE 图片

单击“文件”→“另存为”标签，打开“另存为”对话框，设置文件名和保存位置，单击“保存类型”下拉按钮，在下拉菜单中选择“JPGE 文件交换格式”，单击“保存”按钮，即可将文件保存为 JPGE 格式。

（2）发布为 PDF 文档

① 单击“文件”→“保存并发送”标签，接着单击“创建 PDF/XPS 文档”按钮，在最右侧单击“创建 PDF/XPS”按钮。

② 打开“发布为 PDF 或 XPS”对话框设置演示文稿的保存名称和路径。

③ 单击“发布”按钮，即可将演示文稿输出为 PDF 格式。

三、实训

对“实验二”完成的作品设置不同的放映方式并查看效果，同时将做好的演示文稿发布成 JPEG 格式和 PDF 格式。

4.3　综合实训

一、综合实训一

打开“综合实训 4-1.pptx”文件，按下列要求操作后以同名文件保存。

1. 将幻灯片 1 的背景设置为“白色大理石”，幻灯片 2 的背景设置成“粉色面巾纸”，并将所有幻灯片中的文字设置成粗斜体。

2. 将幻灯片 1 的切换效果设置为“盒状展开”、“中速”，并设置正文“按字/词”和“缩放”、“外”效果。

3. 在幻灯片 2 中加上返回第一张幻灯片的动作按钮，并要求在按钮上加上文字“后退”（字号 30），设置幻灯片 2 的放映顺序：图片自顶部飞入 → 标题按字母“螺旋飞入” → 正文“整批发送”，从右侧飞入。

4. 将幻灯片 1 右下角的图片建立超链接，URL 为 http://www.baidu.com，将幻灯片 2 的标题“创建讲义”建立超链接，URL 为 http://www.yulinu.edu.cn 。

5. 在每一张幻灯片的页脚区放上“班级：######　学号：######　姓名：###”，在每一张幻灯片的数字区插入“Page #”。

二、综合实训二

打开“综合实训 4-2.pptx”文件，按下列要求操作后以同名文件保存。

1. 将第一张幻灯片移到最后，将调整后的最后一张幻灯片改为“标题幻灯片”版式。

2. 将第三张到第八张幻灯片降级，组成第二张幻灯片的文本。

3. 删除调整后的第七张到第十一张幻灯片

4. 演示文稿套用“Eclipse”模板，所有幻灯片中的文本框中的文本左缩进 2cm。（幻灯片母板中，格式/占位符/文本框/内部边距）

5. 取消第 1、7、8、9 张幻灯片的左边的图形。（幻灯片母板中，剪切背景图形，分别粘贴在第 2、3、4、5、6 张幻灯片中）

6. 将第一张幻灯片的标题改为艺术字，选用艺术字式样库中第五行第五列的样式，字体为粗幼圆、54 磅、排成两行“两端远型”，高度 6cm，宽度 15cm，并设置为在前一事件发生后 2 秒，“缩放”、“外”的动画效果，设置背景为纵向“彩虹出岫”过渡色。（填充色/预设）

7. 将第二张幻灯片文本的第 1、2 条目录内容，分别与第 3、5 张幻灯片建立超链接，给第二张幻灯片加上“再生纸”的纹理背景，给文本框加上浅绿色背景和黑色 3 磅单线粗边框。

8. 将所有强调文字和超级链接的颜色设置为红色。

9. 对第 4、6 张幻灯片中将文本自动按第二级段落分组，整批顶部飞入。

10. 在第 4、6 张幻灯片下方插入六边形自选图形，在其中分别输入“富康 988EX”和“桑塔纳 GLS 轿车”文字，字体为带阴影的隶书，高度 2cm，宽度 10cm，设置该自选图形的动画效果为“整批左侧切入”，自选图形动作设置为当鼠标移过，分别超链接到第 7、8 张幻灯片。

11. 在第 7、8 张幻灯片中加入返回第二张幻灯片的动作按钮，在第二张幻灯片中加入“结束”动作按钮。

12. 设置第 7、8 张幻灯片的切换效果设置为“中央向左右扩展”、“慢速”。

13. 在第七张幻灯片的标题加上黄色底纹，标题设置为整批右侧飞入的动画效果，下面的英文字母按字母左侧飞入。

14. 在第 1 张幻灯片中显示播放日期（中文格式####年##月##日星期#）和幻灯片编号。（视图—）页眉页脚）

15. 将最后一张幻灯片标题的字体设置：红色、66 磅、阴影、隶书。

16. 将第 7、8 张幻灯片中车辆图片复制到第 9 张幻灯片，设置图片大小为宽度 12cm。

17. 在最后一张幻灯片中插入艺术字“END”，选用艺术字库中第三行第四列的式样，字体 Arial Black，粗体，54 磅，高度 5cm，宽度 8cm。

18. 最后一张幻灯片的切换方式为单击鼠标，慢速“从全黑中淡出”，2 张图片以“向内溶解”效果自动按顺序以 2 秒自动显示，最后，艺术字以“缩放”从屏幕中心放大效果显示。

19. 该演示文稿循环播放。(幻灯片放映/设置放映方式-)循环播放，按 ESC 键终止。

4.4 常见错误和难点分析

1. 如何对齐多个对象

在一张幻灯片中，常常要插入多个对象（如图片、图形、文本框等）。先执行“视图→工具栏→绘图”命令，展开“绘图”工具栏，然后同时选中多个需要对齐的对象，按“绘图”工具栏上“绘图（R）”按钮，在随后弹出一快捷菜单中，展开“对齐或分布”级联菜单，选中其中一种对齐方式即可。

2. 如何复制幻灯片

如果我们需要借用已经制作好的一篇演示文稿中的某一张（或多张）幻灯片，打开已经制作好的演示文稿，在右边的大纲区中，选中需要借用的幻灯片，执行“复制”操作，然后切换到当前演示文稿中，右击鼠标，在随后弹出的快捷菜单中，选择“粘贴”选项（或直接按“常用”工具栏上的“粘贴”按钮）即可。

3. 如何插入公式

在编辑教学幻灯片时，在需要插入公式的幻灯片中，执行“插入→对象”命令，打开“插入对象”对话框，在“对象类型”下面选中“Microsoft 公式 3.0”选项，“确定”进入公式编辑状态，利用展开的“公式”工具栏上的相应“公式模板”按钮，即可编辑制作出所需要的公式来。制作完成后，在“公式编辑器”窗口中，执行“文件→退出并返回到演示文稿”命令即可。

4. 如何带走自己的字体

在一台电脑上制作好的演示文稿，复制到另一台电脑上播放时，可能由于两台电脑安装的字体不同，影响到演示文稿的播放效果。如果你所设置的是“TrueType 字体”，执行“工具→选项”命令，打开“选项”对话框，切换到“保存”标签下，选中其中的“嵌入 TrueType 字体”选项，确定返回，然后再保存（或另存）相应的演示文稿即可。

5. 如何存出文稿中的图片

我们在欣赏某篇演示文稿时，有时发现其中的一些图片非常精美，想保存下来供以后自己制作演示文稿时使用，可以在需要保存的图片上右击，在随后弹出的快捷菜单中，选“另存为图片”选项，打开“另存为图片”对话框，取名保存即可。

6. 如何尽量压缩演示文稿的容量

打开演示文稿，执行“文件→另存为”命令，打开“另存为”对话框，按对话框右上方的“工具”按钮，在随后弹出的下拉菜单中，选择“压缩图片”选项，打开“压缩图片”对话框，选中“Web/屏幕”选项，然后按“确定”按钮返回，再取名保存即可。

7. 如何在演示文稿中播放 Flash 动画

通过"Shockwave Flash Object"控件，可以将 Flash 动画插入到文稿中进行播放。

注意

将 Flash 动画和制作的演示文稿保存在同一文件夹中，同时在用"Shockwave Flash Object"控件插入 Flash 动画时，将路径设置为相对路径。经过这样的设置以后，无论如何移动 Flash 的保存位置，PowerPoint 均可正常播放插入的动画。插入的 Flash 动画不支持打包功能，也不支持相应的演示文稿播放器。。

第五章
网络基础与 Internet 应用

5.1　知识要点

1. 计算机网络

计算机网络，是指将地理位置不同的具有独立功能的多台计算机及其外部设备通过通信线路连接起来，实现资源共享和信息传递的计算机系统，是互连起来的能独立自主的计算机集合。“互连”意味着互相连接的两台或两台以上的计算机能够互相交换信息，达到资源共享的目的；“独立自主”是指每台计算机的工作是独立的，任何一台计算机都不能干预其他计算机的工作。

2. 计算机网络的分类

计算机网络网络类型的划分标准各种各样，按照不同的标准可以分为不同的类型：

① 从地理范围可以把各种网络类型划分为局域网、城域网、广域网和互联网四种。

② 按照计算机网络的拓扑结构可以将各种网络划分为总线型拓扑结构网络、星型拓扑结构网络、环型拓扑结构网络、树型拓扑和混合型拓扑结构网络。

3. 因特网（Internet）

因特网（Internet）是由一些使用公用语言互相通信的计算机连接而成的全球网络，即广域网、城域网、局域网及单机按照一定的通讯协议组成的国际计算机网络。是将两台计算机或者是两台以上的计算机终端、客户端、服务端通过计算机信息技术的手段互相联系起来的结果，人们可以与远在千里之外的朋友相互发送邮件、共同完成一项工作、共同娱乐。同时它还是物联网的重要组成部分。根据中国物联网校企联盟的定义，物联网是当下几乎所有技术与计算机互联网技术的结合，让信息更快更准地被收集、传递、处理并执行。

4. TCP/IP 协议与 IP 地址

TCP/IP 协议是 Transmission Control Protocol/Internet Protocol 的简写，中译名为传输控制协议/因特网互联协议，是 Internet 最基本的协议族。TCP/IP 定义了电子设备如何连入因特网以及数据如何在它们之间传输的标准。协议采用了 4 层的层级结构，每一层都呼叫它的下一层所提供的网络来完成自己的需求。

IP 是 TCP/IP 协议族中网络层的协议，是 TCP/IP 协议族的核心协议。

IP 地址用于在网络传输时识别各种网络设备，保证数据的传输，是在基于 TCP/IP 的网络上设备的独一无二的标识。它包含两部分，即网络地址和主机地址。目前存在有 IPV4 和 IPV6 两个版本。

5. 因特网（Internet）的接入技术

目前可供选择的接入方式主要有拨号接入、局域网接入、ISDN 拨号接入、ADSL 接入、有线电视网接入和无线电视网接入等，它们各有各的优缺点。

① 电话拨号接入即 Modem 拨号接入。它是指将已有的电话线路，通过安装在计算机上的 Modem（“调制解调器”，俗称“猫”），拨号连接到互联网服务提供商（“ISP”）从而享受互联网服务的一种上网接入方式。

② 局域网接入。通常情况下，需要给用户分配计算机入网的参数，具体包括：IP 地址、子网掩码、默认网关、DNS 等。

③ ISDN 拨号接入。ISDN（Integrated Service Digital Network，综合业务数字网）接入技术俗称“一线通”，它采用数字传输和数字交换技术，将电话、传真、数据、图像等多种业务综合在一个统一的数字网络中进行传输和处理。用户利用一条 ISDN 用户线路，可以在上网的同时拨打电话、收发传真，就像两条电话线一样。ISDN 基本速率接口有两条 64kbps 的信息通路和一条 16kbps 的信令通路，简称 2B+D，当有电话拨入时，它会自动释放一个 B 信道来进行电话接听。

④ ADSL 接入。ADSL 是英文 Asymmetrical Digital Subscriber Loop（非对称数字用户环路）的英文缩写，ADSL 技术是运行在原有普通电话线上的一种新的高速宽带技术，它利用现有的一对电话铜线，为用户提供上、下行非对称的传输速率（带宽）。

⑤ 有线电视网接入。有线电视网是利用光缆或同轴电缆来传送广播电视信号或本地播放的电视信号的网络，是高效廉价的综合网络，具有频带宽、容量大、多功能、成本低、抗干扰能力强、支持多种业务连接千家万户的优势，它的发展为信息高速公路的发展奠定了基础。

⑥ 无线电视网接入。无线网络数字电视是采用数字电视技术，通过无线发射、地面接收的方法进行电视节目传播。目前移动数字电视便是无线网络数字电视系统的应用，在任何安装了接收装置的巴士、轨道交通等移动载体上就能收看到清晰的电视画面。

6. Internet 提供的服务

① WWW 服务。它是 Internet 提供的主要服务之一，用于描述 Internet 上所有以超级连接方式组织的可用信息和多媒体资源，以客户机/服务器模式工作，使用 http 协议。服务器按照指定协议和格式提供资源和信息，客户机访问需要 TCP/IP、与 Internet 连接和 Internet Explorer（IE）。在使用 IE 浏览信息时通常需要输入对应的网址，即统一资源定位器（Uniform Resource Locator，URL）。

② FTP 与 Telnet 服务。FTP 是 File Transfer Protocol（文件传输协议）的缩写，是 Internet 的传统服务之一，它使用户能在不同的计算机主机之间传送文件。Telnet（远程登录）也是 Internet 提供的一项重要功能，利用 Telnet 用户可以将自己的计算机通过 Internet 网络和另一台远程计算机之间建立连接。

③ 电子邮件（E-mail）。它是指通过计算机和网络进行信件的书写、发送和接收，是 Internet 提供给人们最为实用的功能之一。

④ 网络电话和网络寻呼。IP 电话又成为网络电话，是指在 Internet 上通过 TCP/IP 协议实时传送声音，其最大优势是价格低廉。网络寻呼是指诸如 QQ、MSN 等网络寻呼软件实现消息发送、文件传输功能，可以用来聊天或打网络电话。

5.2 实验及解题思路

实验一：宽带网络连接

一、实验目的

① 掌握创建宽带连接的方法。

② 使用宽带连接网络。

二、实验内容

1. 创建宽带连接

用户在进行连接网络之前，通常需要创建宽带连接，具体操作如下：

① 单击“开始”→“控制面板”，打开“控制面板”窗口，在“网络和 Internet”栏下单击“查看网络状态和任务”。

② 打开“网络共享和中心”对话框，在“更改网络设置”栏下单击“设置新的连接或网络”选项，如图 5-1 所示。

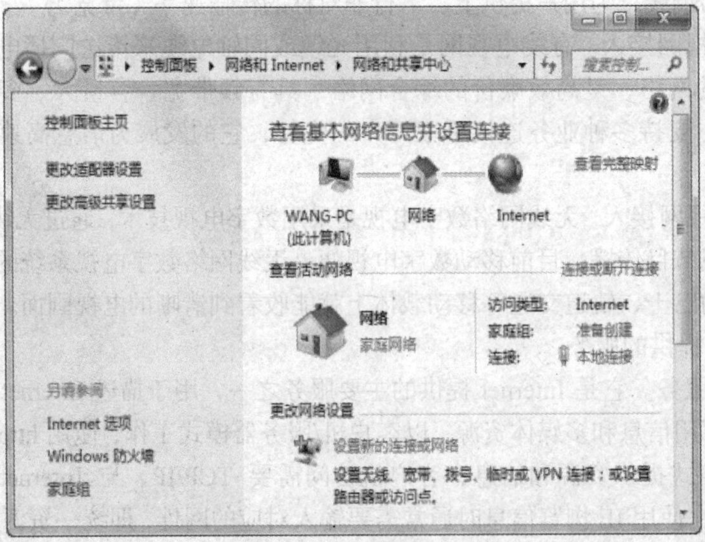

图 5-1 设置新的连接

③ 打开“设置连接或网络”对话框，在“选择一个连接选项”下选择“连接到 Internet”，单击“下一步”按钮。

④ 在打开的窗口中，如果想创建新的连接，单击“仍要设置新连接”。

⑤ 打开“您想如何连接”对话框，单击“宽带（PPOE）（R）”。

⑥ 打开“键入您的 Internet 服务商（ISP）提供的信息”对话框，在用户名和密码后的文本框中输入对应信息。用户还可以选中“记住此密码”和“允许其他人使用此连接”单选框，如图 5-2 所示。

⑦ 单击“连接”按钮，打开“正在连接到宽带连接”对话框。

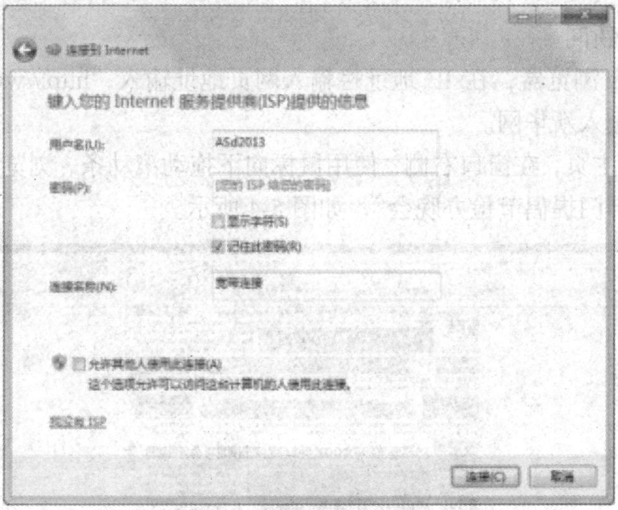

图 5-2　输入用户名和密码

2. 连接到网络

设置好宽带连接后，可以快速连接到网络，具体操作如下：

① 用户可单击任务栏中的网络图标，然后单击刚创建的连接，如图 5-3 所示。

图 5-3　选择连接

② 打开“连接宽带连接”对话框，输入用户名和密码，单击“连接”按钮。

三、实训

1. 查阅资料，了解网络连接的其他方式及方法。如果有台电脑需要上 Internet 网，要求使用 ISP 提供的 ADSL 接入方式（账号：yl3895648，密码：a6584785）使用 ADSL MODEM 上网，该如何设置，请详细说明。

2. 假如实验室有一台计算机需要接入网络，已知网络接口 IP 地址：192.168.110.158，子网掩码：225.225.225.0，默认网关：192.168.110.1，DNS 服务器地址：61.134.1.4 或者 59.75.96.10，请完成相关设置，使计算机接入网络。

实验二：网页信息的浏览与搜索

一、实验目的

① 掌握 IE 浏览器的操作，使用 IE 浏览网页信息。

② 掌握通过互联网搜索资料信息的方法。

二、实验内容

1. 浏览新华网新闻

① 双击打开 IE 浏览器，在 IE 地址栏输入网页地址输入“http://www.xinhuanet.com”，按下回车键，即可进入新华网。

② 打开新华网主页，在窗口右侧，使用鼠标向下拖动滚动条，浏览网页信息，选择新闻信息，如单击“五部门提倡节俭办晚会”，如图 5-4 所示。

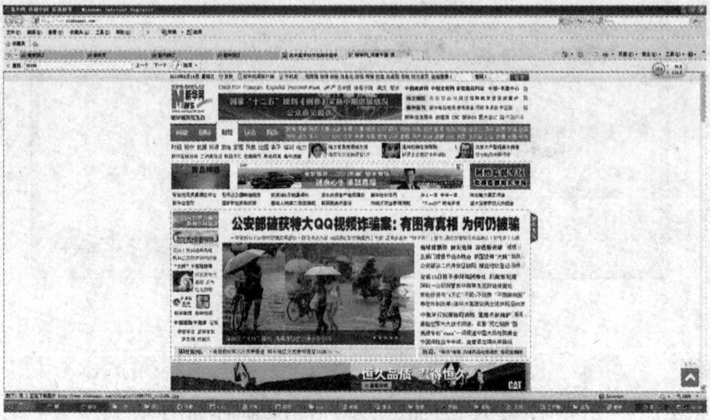

图 5-4　选择链接

③ 此时即可打开该链接，浏览新闻信息，如图 5-5 所示。

图 5-5　浏览新闻

④ 同样的操作可以浏览其他网页信息。

2. 资料信息的搜索

（1）使用百度搜索人物信息

打开 IE 浏览器，在地址栏中输入“http://www.baidu.com”，按下回车键，打开百度首页。在搜索文本框中输入搜索内容，如输入“贝克汉姆”，单击“百度一下”按钮，如图 5-6 所示。

图 5-6　输入关键词

此时网页中即出现搜索结果，根据需要进行选择，如选择“贝克汉姆 百度百科”，此时即可打开相应信息。

（2）搜索并下载软件

用户可以通过 IE 浏览器搜索软件并进行下载，具体操作如下：

打开 IE 浏览器，在地址栏中输入“http://www.skycn.com”，打开天空下载主页，如图 5-7 所示。

图 5-7 软件分类

打开软件分类窗口，选择需要下载的软件，如选择“图像捕捉”。在打开的窗口中进行选择，如选择“红蜻蜓抓图精灵”，在对应处单击链接，在打开的页面链接中单击“下载地址”选项，选择其中一个地址，如图 5-8 所示，单击开始下载，此时会弹出下载窗口，等待下载完成即可。

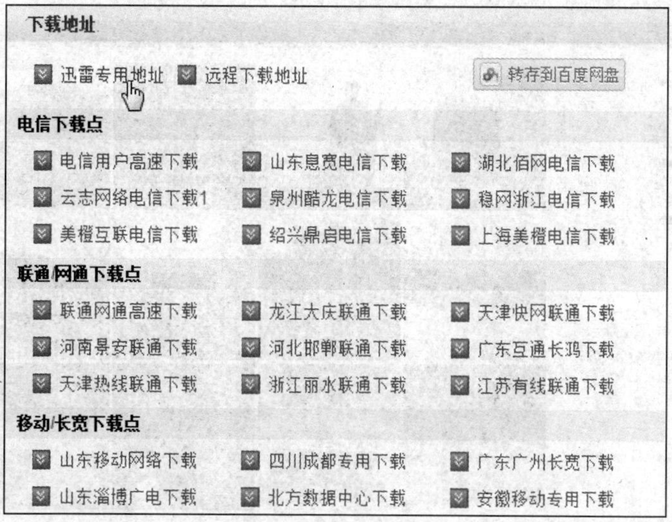

图 5-8 选择下载地址

（3）搜索图片

双击打开 IE 浏览器，在地址栏中输入“www.soso.com”，单击“图片”选项，如图 5-9 所示。打开“SOSO 图片”页面窗口，在文本框中输入搜索内容，如输入“熊猫”，按下回车键即可看到搜索结果，如图 5-10 所示。

图 5-9　单击“图片”选项

图 5-10　搜索结果

（4）街景地图搜索

打开 IE 浏览器，在地址栏中输入“www.soso.com”，按下回车键，单击页面中的“地图”。选择“街景地图”，切换到“街景城市”选项下，在左侧窗口中选择城市，右侧窗口会出现图片信息。选择需要查看的景点，如大雁塔，如图 5-11 所示，此时页面中即可打开大雁塔的相关信息，如图 5-12 所示。

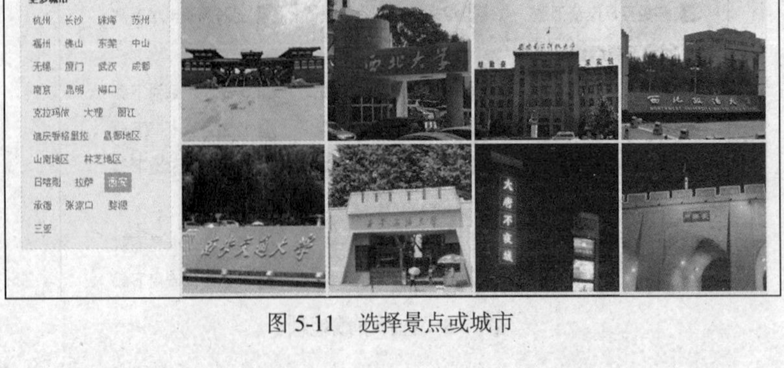

图 5-11　选择景点或城市

图 5-12　查看景点

三、实训

1. 利用网站的搜索引擎搜索名称为“榆林学院”的网页，并将网址添加到收藏夹。通过网站了解学校最近发生的新闻事件，并根据需要查找和下载软件、图片等。

2. 通过搜索引擎查找巴西世界杯赛程安排的相关信息，并将安排表放在 word 文档，排版并打印。

实验三：电子商务与社交网络

一、实验目的

① 学习通过互联网在线订购火车票、书籍等。

② 掌握电子邮件的发送等操作。

二、实验内容

1. 在线订购

（1）在线订火车票

在 IE 地址栏里输入“http://www.12306.cn”，按下回车键进入“中国铁路客户服务中心”界面。先进行“网上购票用户注册”（如果注册过则不需要重新注册），然后点击“购票/预约”，在用户登录界面中输入已注册的登录名和密码，如图 5-13 所示。

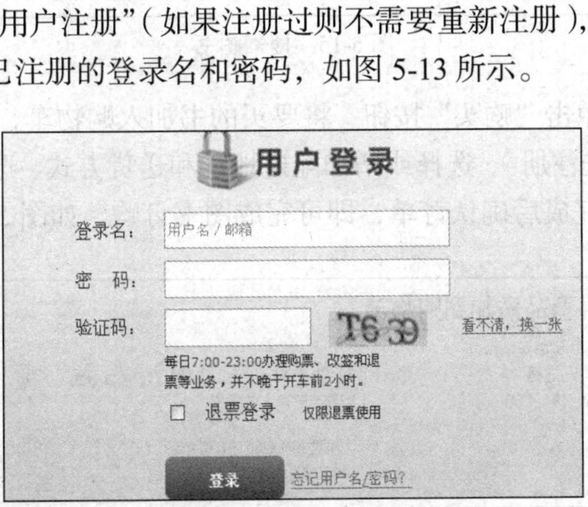

图 5-13　“登录”窗口

完成登录后在页面中单击“车票预订”，如图 5-14 所示，在打开的页面中选择出发地、目的地和出发日期，然后单击“查询”按钮。在打开的页面中选择火车班次，在对应处单击“预订”按钮，在打开的页面中填写个人信息并输入验证码，点击提交订单按钮。在打开的页面中单击“网上支付”按钮，根据提示完成支付即可。

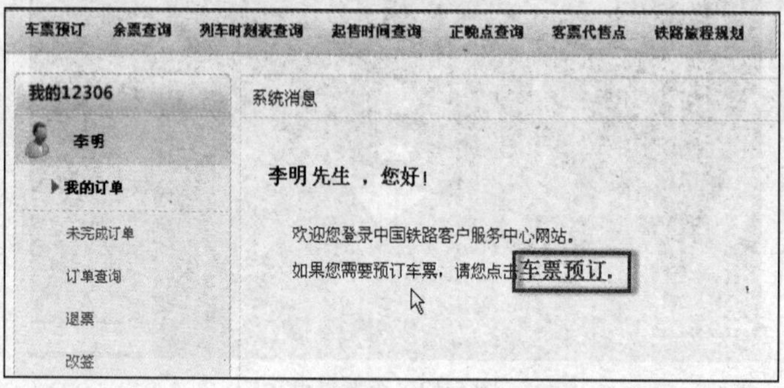

图 5-14　车票预订

（2）在线购物

在 IE 地址栏中输入“http://www.amazon.cn”，按下回车键，进入亚马逊主页。在搜索栏输入要购买的书名或者作者等信息，如要购买《读书毁了我》，在搜索栏输入“读书毁了我”，如图 5-15 所示，单击“搜索”按钮。

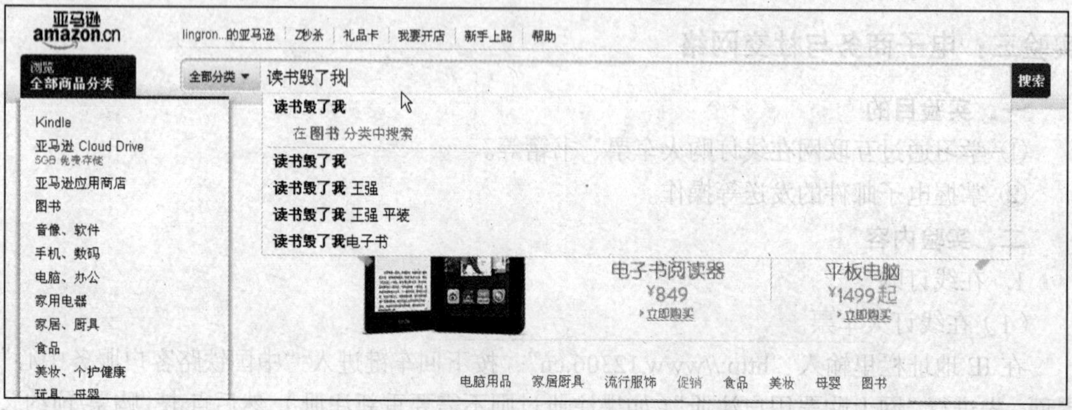

图 5-15　搜索图书

选择要购买的书，单击“购买”按钮，将要买的书加入购物车，如图 5-16 所示。进入结算中心、登录（需要事先注册）、选择或增加配送地址和送货方式、选择在线付款或货到付款和送货方式，所有步骤完成后确认订单，即可完成图书订购，如图 5-17 所示。

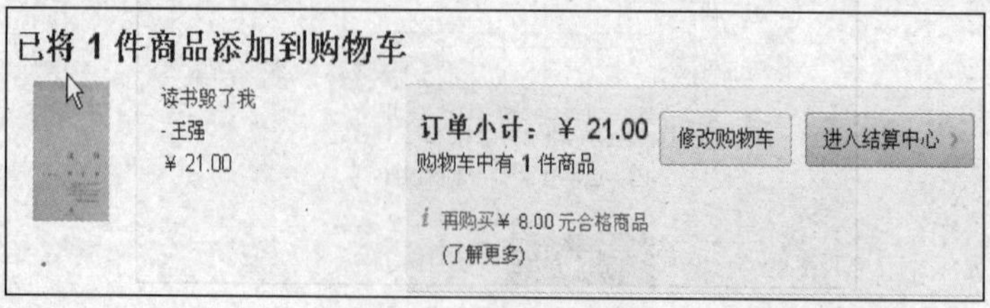

图 5-16　加入购物车

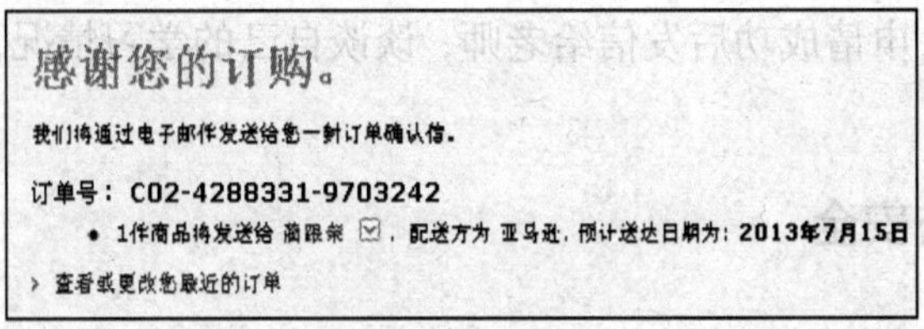

图 5-17　完成购买

（3）电子邮件的应用

① 发送电子邮件。用户可以通过互联网发送电子邮件，具体操作如下：

进入新浪邮箱登陆窗口，输入用户名和密码，单击“登录”按钮，进入邮箱主窗口。在左侧单击“写信”按钮，填写收信人和主题后，在正文文本框中输入内容，完成后单击“发送”按钮，如图 5-18 所示。

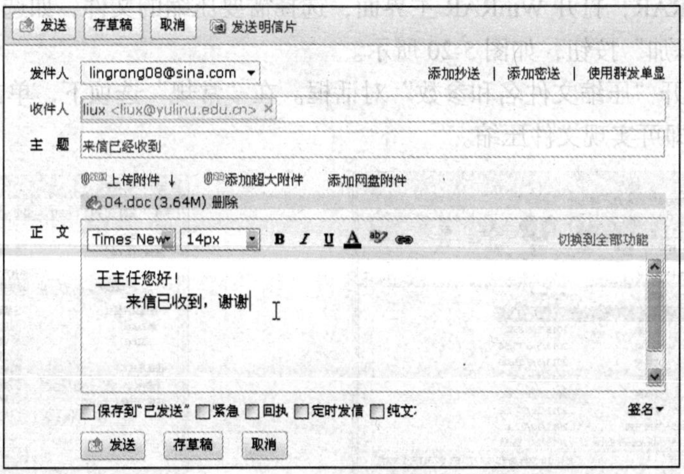

图 5-18　撰写邮件

② 发送附件。如果要通过电子邮件发送附件，具体操作如下：

登录后进入邮箱主窗口，在左侧单击“写信”按钮，在页面中输入收件人信息、主题和正文内容后，单击“上传附件”，在打开的对话框中选择需要上传的文件，单击“保存”按钮。完成后单击“发送”按钮即可。

③ 设置自动回复邮件。用户可以通过设置，使得系统当收到邮件时自动进行回复，具体操作如下：

登录成功后，进入邮箱主窗口。在左侧单击“设置”选项，进入“设置”区。在“常规”选项下，定位到“自动回复”栏下，单击“开启”单选按钮，在文本框中输入回复内容，完成后单击“保存”按钮即可，如图 5-19 所示。

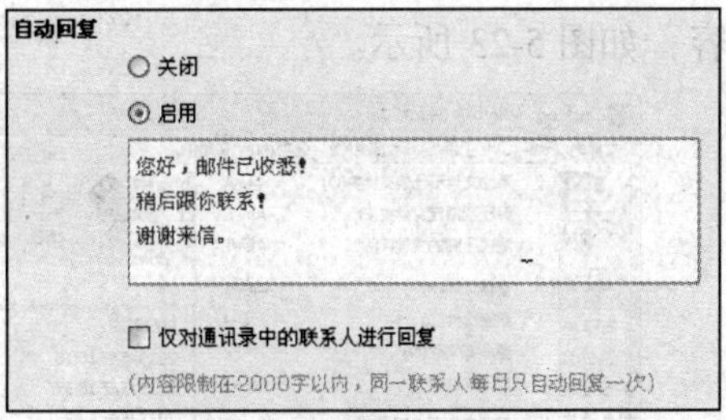

图 5-19　自动回复设置

三、实训

1. 通过互联网购买车票或图书等，体验电子商务，并将购物过程和体验形成文档与同学们共享。

2. 申请电子邮箱，申请成功后发信给老师，谈谈自己的学习情况，并在附件中附上你最近的学习计划。

实验四：系统管理与安全

一、实验目的

① 掌握 WinRAR 的操作，能对文件进行压缩、解压或加密。

② 掌握 360 杀毒软件的使用，会用 360 杀毒软件查杀电脑病毒。

二、实验内容

1. 文件压缩与加密

（1）压缩文件

使用 WinRAR 可以快速文件压缩，具体操作如下：

① 双击 WinRAR，打开 WinRAR 主界面，选择需要压缩的文件，如选择“压缩文件-5”文件夹，单击“添加”按钮，如图 5-20 所示。

② 此时会打开“压缩文件名和参数”对话框。在“常规”选项下，单击“确定”按钮，如图 5-21 所示，即可实现文件压缩。

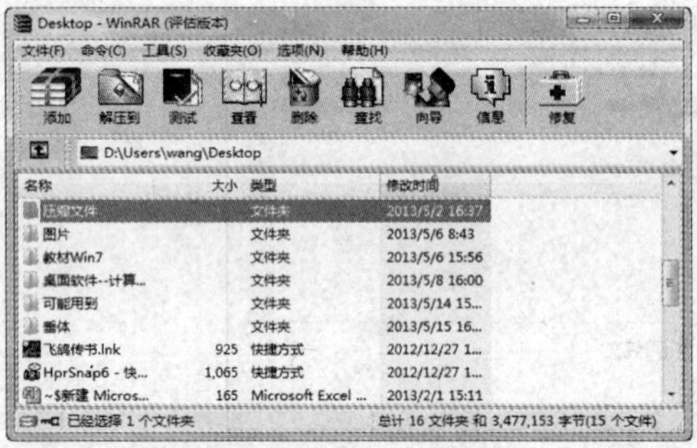

图 5-20　选择压缩文件

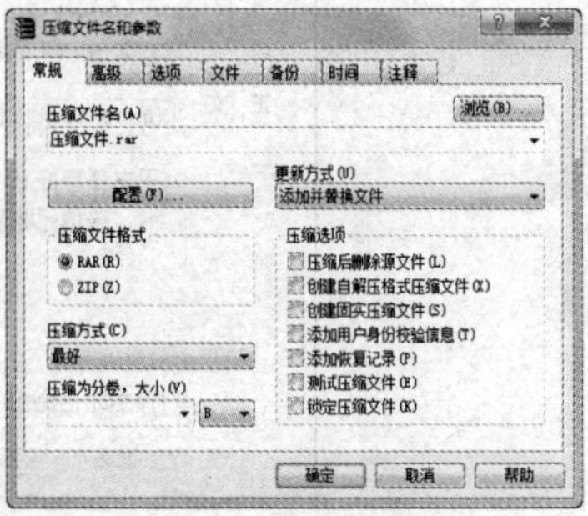

图 5-21　设置压缩方式

（2）为文件添加注释

用户可以根据需要为压缩文件添加注释，具体操作如下：

① 在 WinRAR 主界面，选中需要添注释的压缩文件，单击“命令”→“添加压缩文件注释”选项，如图 5-22 所示。

② 打开“压缩文件压缩文件”对话框，在“压缩文件注释”栏下的文本框中输入注释内容，如图 5-23 所示。

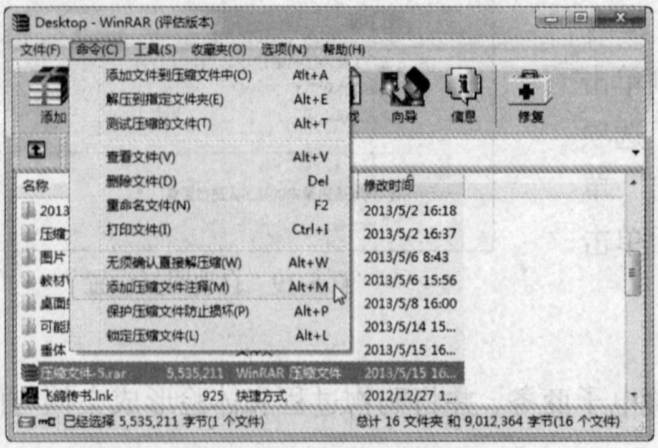

图 5-22　添加压缩文件注释

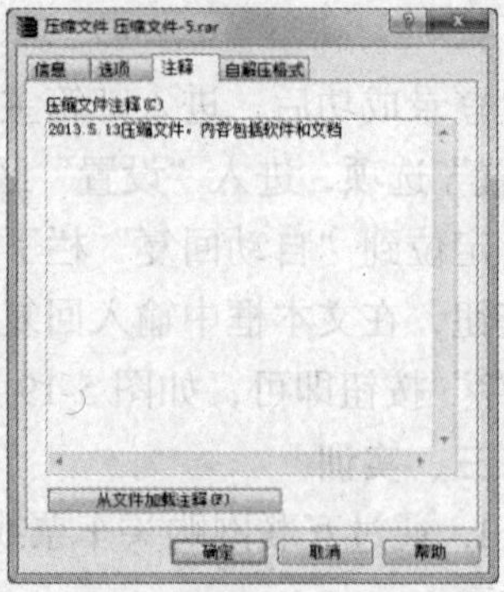

图 5-23　输入注释内容

③ 单击“确定”按钮即可。

（3）测试解压缩文件

在需要解压文件之前，可以先测试一下收到的文件，以增强安全性，具体操作如下：

① 在 WinRAR 主界面中，选中需要解压的文件，单击“测试”按钮，此时 WinRAR 会对文件夹进行检测，如图 5-24 所示。

② 测试完成后弹出如图 5-25 所示提示窗口，单击“确定”按钮即可。

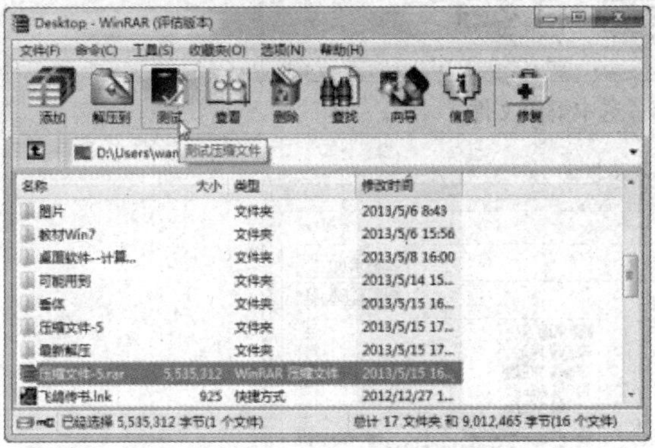

图 5-24　选择测试文件

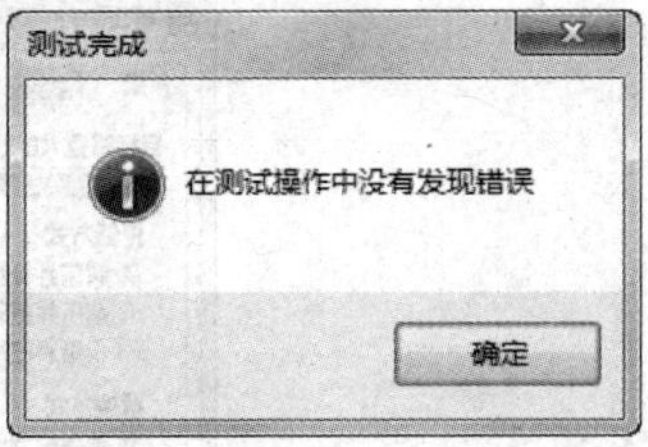

图 5-25　测试完成

（4）新建解压文件位置

对于压缩过的文件，用户可以根据需要将其解压到新建的文件夹中，具体操作如下：

① 在 WinRAR 主界面中，选中需要解压的文件，单击“解压到”按钮，如图 5-26 所示。

② 打开“解压路径和选项”对话框，选择解压位置，单击“新建文件夹”按钮，然后输入文件夹名称，如图 5-27 所示。

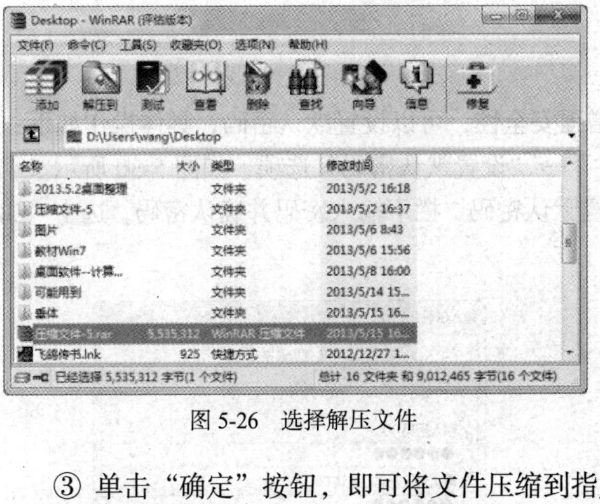

图 5-26　选择解压文件

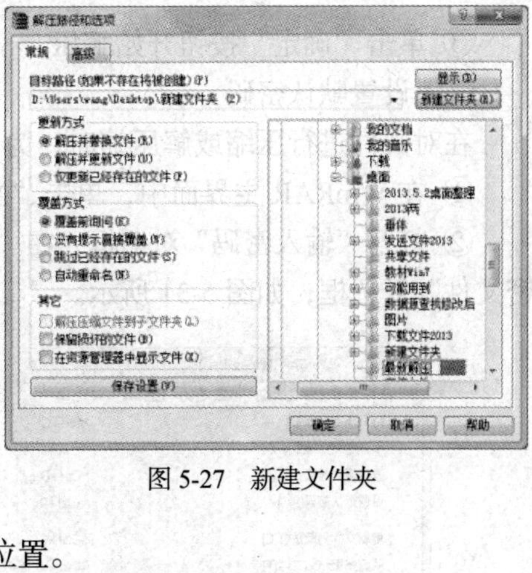

图 5-27　新建文件夹

③ 单击“确定”按钮，即可将文件压缩到指定位置。

（5）解压文件

设置好压缩位置后，用户可以对文件进行压缩，具体操作如下：

① 在 WinRAR 主界面中，选中需要压缩的文件，单击“解压到”按钮，如图 5-28 所示。

② 打开“解压路径和选项”对话框，单击“确定”按钮，系统会自动对文件进行压缩，如图 5-29 所示。

图 5-28　选中解压文件

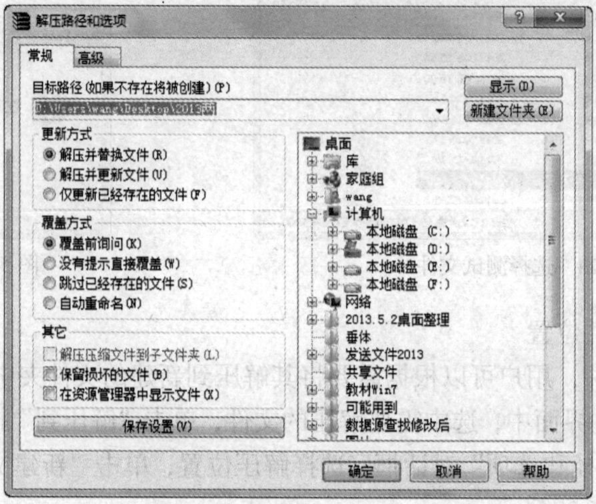

图 5-29　“解压路径和选项”对话框

③ 单击“确定”按钮开始解压。

（6）设置默认密码

在对文件进行压缩或解压缩时，为了增强安全性，可以设置默认密码，具体操作如下：

① 在 WinRAR 主界面中，单击“文件”→“设置默认密码”选项，如图 5-30 所示。

② 打开“输入密码”对话框，在“设置默认密码”栏下输入密码并确认密码，选中“加密文件”复选框，如图 5-31 所示。

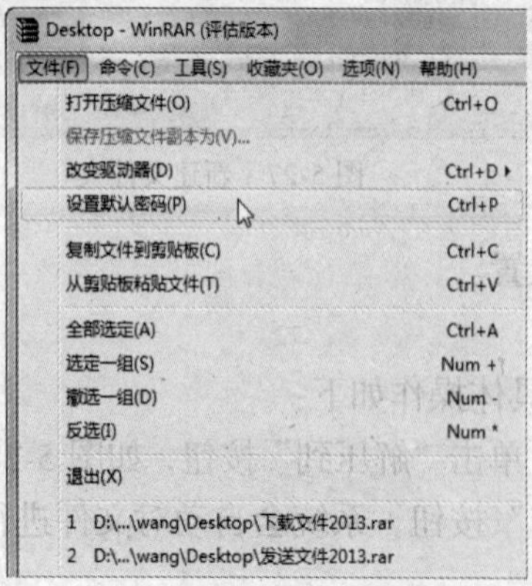

图 5-30　菜单命令

图 5-31　输入密码

③ 单击“确定”按钮即可。

（7）清除临时文件

用户可以通过设置，在压缩时可以清除临时文件，具体操作如下：

① 在 WinRAR 主界面中，单击“选项”→“设置”选项，如图 5-32 所示。

② 打开“设置”对话，切换到“安全”选项下，在“清除临时文件”栏下选中“总是”单选按钮，如图 5-33 所示。

图 5-32 菜单命令

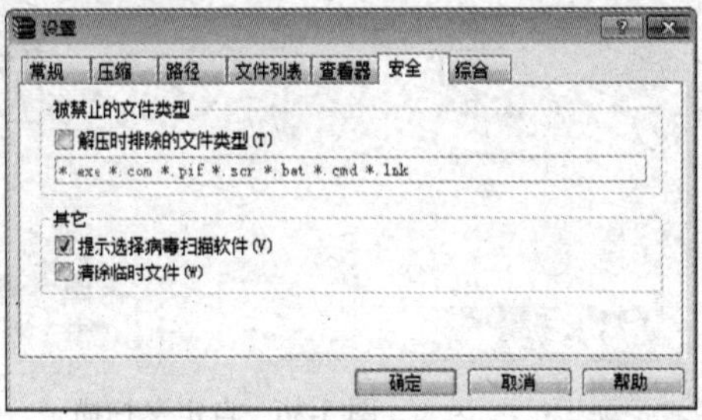

图 5-33 设置

2. 电脑查毒与杀毒

（1）快速扫描

使用 360 杀毒快速对电脑进行扫描，具体操作如下：

① 双击 360 杀毒，打开 360 杀毒主界面，单击“快速扫描”按钮，如图 5-34 所示。

② 此时 360 杀毒将对电脑进行快速扫描，完成后窗口会显示扫描结果，如图 5-35 所示。

图 5-34 快速扫描

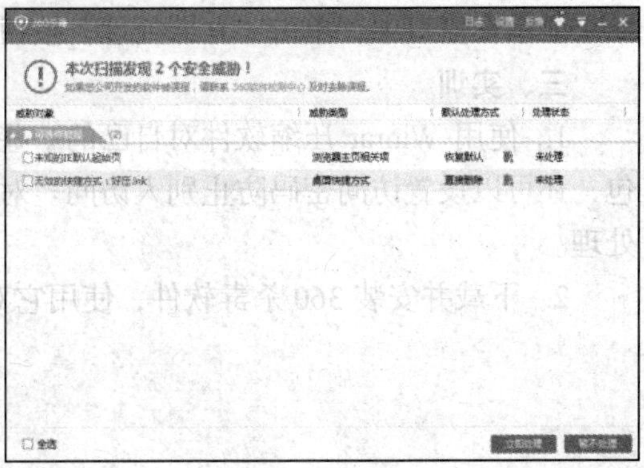

图 5-35 扫描结果

（2）处理扫描结果

快速扫描完成后，可以立即处理扫描发现的安全威胁，具体操作如下：

① 在扫描完成的窗口中，勾选窗口左下角的“全选”复选框，单击“立即处理”按钮。

② 此时窗口中会弹出处理结果，单击“确认”按钮。

（3）自定义扫描

用户可以根据需要选择特定的盘符进行扫描，具体操作如下：

① 双击 360 杀毒，打开 360 杀毒主界面，单击“自定义扫描”按钮，如图 5-36 所示。

② 打开“选择扫描目录”对话框，在“请勾选上您要扫描的目录或文件”栏下进行选择，

如选中“本地磁盘 E”前的复选框，单击“扫描”按钮，开始对 E 盘进行扫描，如图 5-37 所示。扫描完以后点击“处理”按钮即可。

图 5-36　自定义扫描

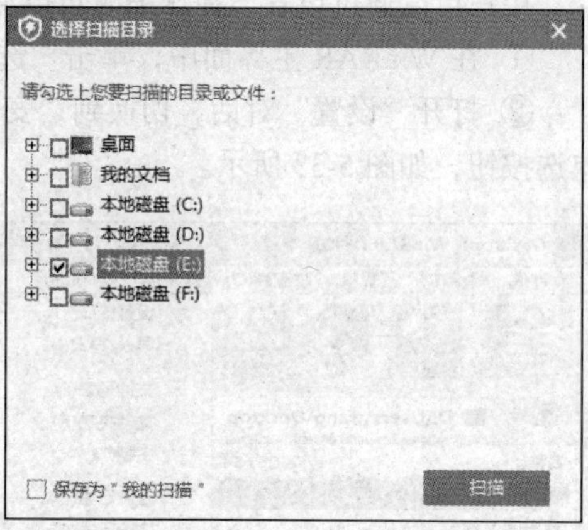

图 5-37　选择扫描目录

（4）宏病毒查杀

用户可以根据需要使用宏病毒查杀，具体操作如下：

① 双击 360 杀毒，打开 360 杀毒主界面，单在窗口下侧单击“宏病毒查杀”按钮。

② 此时会弹出如图 5-38 所示提示。

③ 单击“确定”按钮开始扫描宏病毒，完成后扫描结果显示在窗口中，单击“立即处理”按钮。

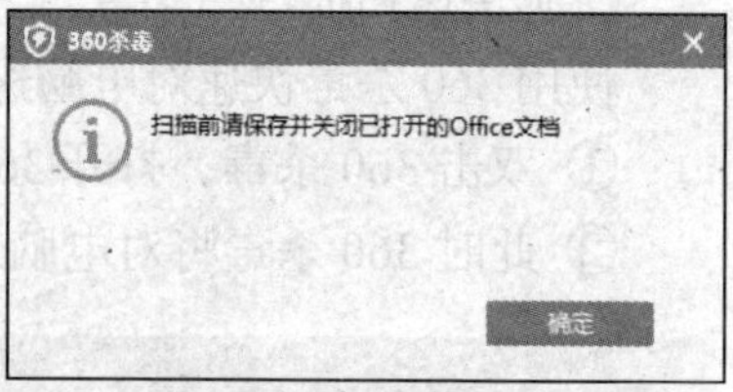

图 5-38　提示窗口

三、实训

1. 使用 Winrar 压缩软件对自己的一些文件进行打包，还可以设置访问密码防止别人访问。对使用的计算机进行一次查毒，对发现的病毒予以处理。

2. 下载并安装 360 杀毒软件，使用它对电脑的文件进行扫描，对扫描的结果进行处理。